保护人体健康环境基准污染物筛选方法与技术

于云江 等 著

科 学 出 版 社

北 京

内 容 简 介

本书分为 8 章。第 1 章介绍我国水、土壤和大气环境的主要污染特征及其健康风险，提出筛选环境基准污染物的重要性；第 2 章主要介绍美国、欧盟、澳大利亚以及我国等优先污染物筛选和清单技术概况；第 3 章从水、土壤和大气环境三个方面，分别介绍国内外保护人体健康基准的研究概况；第 4 章主要介绍保护人体健康的环境基准污染物筛选技术，包括基本思路、筛选原则及筛选程序等；第 5~7 章分别介绍保护人体健康的水、土壤和大气环境基准污染物筛选技术，提出保护人体健康的水、土壤和大气三个方面的环境基准污染物清单；第 8 章主要对环境健康基准的技术方法、基础参数研究等进行展望。

本书可供从事环境基准、环境健康等研究与管理人员及相关专业研究生参考阅读。

图书在版编目（CIP）数据

保护人体健康环境基准污染物筛选方法与技术/于云江等著. —北京：科学出版社，2020.9
ISBN 978-7-03-066036-7

Ⅰ. ①保…　Ⅱ. ①于…　Ⅲ. ①健康 – 关系 – 环境污染 – 环境标准 – 基础标准 – 筛选 – 方法　Ⅳ.①X5

中国版本图书馆 CIP 数据核字（2020）第 168575 号

责任编辑：刘　冉 / 责任校对：杜子昂
责任印制：吴兆东 / 封面设计：图阅盛世

科学出版社出版
北京东黄城根北街 16 号
邮政编码：100717
http://www.sciencep.com
北京建宏印刷有限公司 印刷
科学出版社发行　各地新华书店经销
*
2020 年 9 月第 一 版　开本：720×1000 1/16
2020 年 9 月第一次印刷　印张：14
字数：280 000
定价：118.00 元
（如有印装质量问题，我社负责调换）

《保护人体健康环境基准污染物筛选方法与技术》

著 者 名 单

于云江　向明灯　于紫玲　李　辉

周志祥　马瑞雪　白英臣　胡国成

邵　桐　陈海波　李红艳

前　言

　　"健康中国"是我国新时代重大战略，保障公众健康是环境保护的出发点和落脚点。环境基准是指环境因子（污染物质或有害要素）对人体健康与生态系统不产生有害效应的剂量或水平，是国家制定环境标准的科学依据，也是国家环境保护、环境管理政策与法律制定的基石。开展环境基准研究，对于提高环境保护工作的科学性、更好地保护我国生态系统和人民群众身体健康具有重要的意义。2005年《国务院关于落实科学发展观加强环境保护的决定》提出"科学确定环境基准"，"完善环境技术规范和标准体系"的国家目标；2015年新实施的《中华人民共和国环境保护法》第十五条明确"国家鼓励开展环境基准研究"。然而迄今为止，我国可用于环境管理的环境基准还十分有限，尚未建立一套基于完整科学理论和足量实测数据支撑的环境基准体系。环境基准研究的长期滞后已成为制约我国环境保护管理的瓶颈。因此，亟待从国家层面重点开展环境基准的基础研究，为我国环境标准制/修订，环境风险管理以及保障环境安全和人体健康提供长期、基础性的科学依据。

　　环境基准按照保护对象可分为生态基准、健康基准等。健康基准是以保护人体健康为目标制定的环境基准，通常采用人体健康风险评估的方法推导而得。环境污染物种类繁多，造成人体健康毒性效应各异，制定健康基准首先需要对环境中污染物进行优先排序，确定保护人体健康环境基准污染物清单。例如，世界卫生组织（WHO）《饮用水水质准则》提出了具有健康意义的化学污染物161种（其中确立准则值的90种）；美国环境保护局《国家推荐水质基准（2009年）》重点针对120种优控污染物制定水质基准，美国《清洁空气法》在1990年提出了189种有害空气污染物清单等，为美国制定大气环境质量基准/标准提供重要依据；加拿大污染场地土壤中保护人体健康的环境质量指导值包含污染物95项；然而，国外的环境基准体系是根据自身的国情和区域环境特征建立的，与其他国家相比，我国生态系统结构和特征、行业污染特征和人群生活方式均有很大不同，具体体现在：①保护对象不同。我国的生态系统、生物区系特征与国外有显著差异，不同生态系统对特定污染物的耐受性和毒理学分布规律明显不同。②污染物不同。由于我国的社会经济的发展阶段与发达国家不同，特别是一些高能耗、高污染行业污染严重，排放的污染物来源、类型及其环境风险不尽相同，对生态系统和居民健康有重要危害的特征污染物也有很大差异。③暴露特征不同。我国的社会经济条件、生活习惯、暴露方式等方面与发达国家相比存在较大的差异。正因为存在这些差异，在制定我国环境基准时，不能直接套用国外现有的基准污染物，需要建立我国水土气环境基准污染物清单。

我国在 1989 年提出 68 种水环境优先控制污染物黑名单，这个污染物黑名单提出较早，从保障公众健康角度来看难以反映我国当前区域性、复合型和压缩型的环境污染特征，以及多介质、多途径、多污染物的人群暴露特征。2018 年发布了 11 种有毒有害大气污染物名录，2019 年发布 10 种有毒有害水污染物名录，这两个新发布的有毒有害污染物名录主要以改善环境质量和防控环境风险为目标，缺乏人体健康风险方面的综合考虑。总的来说，在基准污染物的筛选方面，我国尚未建立一套完整技术方法或工作流程，更缺乏相应的基准污染物清单，严重制约了我国环境基准工作的开展。

本书是在"国家环境基准管理"项目支持下，根据我国环境基准工作需求，考虑我国水、土壤、大气等环境污染造成的人体健康影响特征，借鉴国内外同类技术方法，在对保护人体健康的环境基准污染物筛选及清单技术进行深入研究的基础上完成的，旨在建立符合我国实际的保护人体健康基准的污染物筛选技术与基准污染物清单。

于云江

2020 年 7 月于广州

目　录

第1章 绪 论

随着社会经济的快速发展，区域空气污染、水体富营养化以及生态环境质量退化等影响我国居民健康的环境问题日益凸显。着力解决这些危害人民群众健康的突出环境问题，确保人体健康得到有效保护，是我国生态文明建设的必然要求。环境基准是国家环境保护、环境管理政策与法律制定的基石。开展环境基准研究，制定反映我国环境污染、人群暴露及健康影响特征的基准，对于更好地保护我国人民群众身体健康具有重要的意义。

1.1 水环境污染主要特征

近年来，我国水环境污染呈流域性、复合性特点。《2018 年中国生态环境状况公报》报道，全国地表水 1935 个水质断面（点位）中，Ⅰ~Ⅲ类占 71.0%，Ⅳ、Ⅴ类占 22.3%，劣Ⅴ类占 6.7%。黄河、松花江和淮河流域为轻度污染，海河和辽河流域为中度污染。

由于化学工业的发展，有机物种类和数量与日俱增，并通过各种途径进入水环境。监测数据显示，我国主要河流有机物种类复杂多样，仅长江和松花江流域就检出 107 种。此外，新型污染物不断涌现，珠江流域抗生素单位面积排放密度达到 70.3~109 kg/（km²/a）（Zhang et al.，2015）；消毒副产物（DBPs）、药物和个人护理品（PPCPs）、内分泌干扰物（EDCs）等在水体中也普遍检出。这些有机污染物在环境中往往难以降解，并易在生态系统中富集，严重危害水生态系统和人体健康，迫切需要进行优先监测和有效管控（吴丰昌等，2014）。中国疾病预防控制中心通过对淮河流域"癌症村"的跟踪调查，结果显示癌症高发与水污染有直接关系（杨功焕等，2013）。"未来 20 年中国可预防重大疾病和健康问题"的研究提出了 20 项重大疾病和健康问题，其中水污染位列第九（Wu et al.，2018）。

1.2 土壤环境污染主要特征

土壤环境质量直接关系到农田质量、农产品安全和人居环境健康。土壤污染具有隐蔽性、潜伏性和长期性等特点。随着土壤环境问题日益凸显，对土壤环境污染情况的监管需求逐渐提高。我国土壤污染总体状况不容乐观，部分地区土壤污染严重；土壤污染类型多样，呈现新老污染物并存、无机有机复合污染的特点。原环境保护部和国土资源部 2014 年发布的《全国土壤污染状况调查公报》显示，全国土壤总的样点超标率为 16.1%，其中轻微、轻度、中度和重度污染点占比分别为 11.2%、2.3%、1.5% 和 1.1%；从污染类型看，以无机型为主，有机型次之，无机污染物超标点位数占全部超标点位的 82.8%。其中，镉、汞、砷、铜、铅、铬、锌、镍 8 种无机污染物点位超标率分别为 7.0%、1.6%、2.7%、2.1%、1.5%、1.1%、0.9%、4.8%，六六六、滴滴涕、多环芳烃 3 类有机污染物点位超标率分别为 0.5%、1.9%、1.4%。

　　我国土壤污染与健康研究大量集中在土壤中污染物的监测及健康风险评价方面。有研究表明儿童血铅浓度与其所处环境中的土壤铅浓度呈曲线相关，土壤铅浓度低于 100 mg/kg 时，土壤铅浓度每增加 100 mg/kg，对应儿童血铅增加量为 1.4 μg/dL；土壤铅浓度高于 300 mg/kg 时，土壤铅浓度每增加 100 mg/kg，对应儿童血铅增加量为 0.32 μg/dL（White et al., 1998）。也有不少学者针对土壤及农作物等介质中污染物及其健康效应进行了环境流行病学研究。由于土壤中的污染物类型众多，在对土壤环境中污染物进行基准研究时，需要选择面大、量广、健康风险突出的污染物，并结合我国环境管理需求，从土壤环境监测所涉及的污染物中筛选环境基准优先污染物。

1.3　大气环境污染主要特征

　　大气污染具有流动性大、产生危害范围广等特点，容易经呼吸暴露进入人体造成健康危害。过去近 30 年随着我国以煤炭为主的能源消耗及机动车保有量持续增加，我国空气污染问题集中出现，酸雨及灰霾污染问题不断凸显，NO_x 和 VOCs 排放量显著增长，近年来，区域细颗粒物（$PM_{2.5}$）污染严重，臭氧（O_3）浓度不断增加。《2018 年中国生态环境状况公报》显示，338 个城市重度污染达 1899 天次、严重污染 822 天次，以 $PM_{2.5}$ 为首要污染物的天数占重度及以上污染天数的 60.0%，以 PM_{10} 为首要污染物的占 37.2%，以 O_3 为首要污染物的占 3.6%。

　　大气污染物主要对呼吸系统造成损害，也可危害心血管系统，引发心血管系统疾病。2016 年国际能源署（IEA）公布的一份能源与空气污染报告，指出空气污染已经成为继高血压、膳食风险、吸烟之后对人体健康威胁的第四大因子。经济合作与发展组织（OECD）认为，到 2060 年全球因大气污染而提前死亡的人数一年最多可达到 900 万。世界卫生组织（WHO）调查显示，全球每年约有 300 万例死亡与暴露于室外空气污染有关（WHO，2016）。从全国平均水平来看，$PM_{2.5}$ 每升高 10 μg/m³，引起居民总死亡率、心血管疾病死亡率和呼吸系统疾病死亡率分别增加 0.40%、0.47%、0.46%；此外，研究发现 $PM_{2.5}$ 具有引起 DNA 氧化损伤、干扰免疫系统调节因子、加重哮喘患者氧化应激压力等效应（Wu et al.，2014；Vattanasit et al.，2014）。

我国对于污染物清单管理方面的研究尚处于起步阶段，近年来，针对水、大气等环境污染制定了有毒有害污染物名录，然而，尚未形成类似美国等发达国家系统的污染物清单和数据库。因此，以环境污染风险评估理论为基础，立足我国国情，综合考虑暴露情况和人群健康效应，筛选高风险、高暴露和高关注度的污染物清单，是我国环境基准亟须解决的重要问题。

参 考 文 献

姬海莲, 相震. 2012. 工业氟化物污染对环境与居民健康的影响. 环境与健康杂志, 19 (3): 216-217.

王猛. 2015. 辽宁锦州工业铬污染对居民健康的影响研究. 北京: 北京协和医学院基础学院.

吴丰昌, 等. 2014. 中国环境基准体系中长期路线图. 北京: 科学出版社: 9-13.

徐松. 2011. IEUBK 模型结合流行病学调查的儿童环境铅暴露健康风险评估研究. 武汉: 华中科技大学.

杨功焕, 庄大方. 2013. 淮河流域水环境与消化道肿瘤死亡图集. 北京: 中国地图出版社.

Haelst A G V, Hansen B G. 2010. Priority setting for existing chemicals: Automated data selection routine. Environmental Toxicology & Chemistry, 19(9): 2372-2377.

Manchester-Neesvig J B, Schauer J J, Cass G R. 2003. The distribution of particle-phase organic compounds in the atmosphere and their use for source apportionment during the Southern California Children's Health Study. Journal of the Air & Waste Management Association, 53(9): 1065-1079.

Vattanasit U, Navasumrit P, Khadka M B, et al. 2014. Oxidative DNA damage and inflammatory responses in cultured human cells and in humans exposed to traffic-related particles. International Journal of Hygiene and Environmental Health, 217(1): 23-33.

White P D, Van Leeuwen P, Davis B D, et al. 1998. The conceptual structure of the integrated exposure uptake biokinetic model for lead in children. Environmental Health Perspectives, 106(suppl 6): 1513-1530.

WHO. 2016. Ambient air pollution: A global assessment of exposure and burden of disease. World Health Organization.

Wu S, Deng F, Wei H, et al. 2014. Association of cardiopulmonary health effects with source-appointed ambient fine particulate in Beijing, China: A combined analysis from the Healthy Volunteer Natural Relocation (HVNR) study. Environmental Science & Technology, 48(6): 3438-3448.

Wu Y, Jin A, Xie G, et al. 2018. The 20 most important and most preventable health problems of China: A delphi consultation of Chinese experts. American Journal of Public Health, 108(12):1592-1598.

Zhang Q Q, Ying G G, Pan C G, et al. 2015. Comprehensive evaluation of antibiotics emission and fate in the river basins of China: Source analysis, multimedia modeling, and linkage to bacterial resistance. Environmental Science & Technology, 49(11): 6772-6782.

第 2 章 国内外污染物筛选和清单技术概况

2.1 美国优先污染物筛选技术

2.1.1 美国 ATSDR 和 EPA 的优先污染物筛选技术

美国 1987 年通过《环境应对、赔偿和责任综合法》(Comprehensive Environmental Response, Compensation, and Liability Act, CERCLA), 又称超级基金(Superfund)修正案,要求有毒物质与疾病登记署(Agency of Toxic Substances and Disease Registry, ATSDR)和 EPA 共同提出一份国家优先名单(national priority list, NPL),用以评估危险废物监测点中对人群健康和环境存在潜在危害的物质。NPL 监测点的有毒物质监测结果是筛选和排序的基础。首先对全部 NPL 监测点检出的所有污染物进行初筛,去掉只在 1 或 2 个 NPL 监测点上出现的污染物,将剩余污染物列入候选污染物名单,分别计算各有效候选污染物的出现频率、毒性和人群暴露潜势得分,并根据总得分的多少排序。具体程序见图 2-1。

美国 EPA 对污染物的危害排序系统主要根据该污染物在 NPL 监测点的出现频率、污染物毒性、人群暴露潜势 3 个参数进行评价(ATSDR, 2017a),参数最高分为 600 分,三者得分之和为污染物总得分,按照得分高低进行优先排序,并选取排序靠前(前 275 种)的污染物作为优先污染物(ATSDR, 2017b)。该名单每 2 年更新一次。

1. 污染物在 NPL 监测点的出现频率得分

ATSDR 建立了一个有害物质释放与健康效应数据库(hazardous substance release/health effects database, HazDat)。该数据库包含了 NPL 监测点上检出的所有污染物信息,作为获取污染物在 NPL 监测点中出现频率的信息源。

污染物的出现频率为检出该污染物在 NPL 监测点的数量与总 NPL 监测点数之比。污染物出现频率得分赋值总分为 600 分,以所有污染物出现频率的最大值为参考,计算各污染物的出现频率得分:

$$频率得分 = \frac{该污染物的出现频率}{所有污染物的最大出现频率} \times 600 \qquad (2\text{-}1)$$

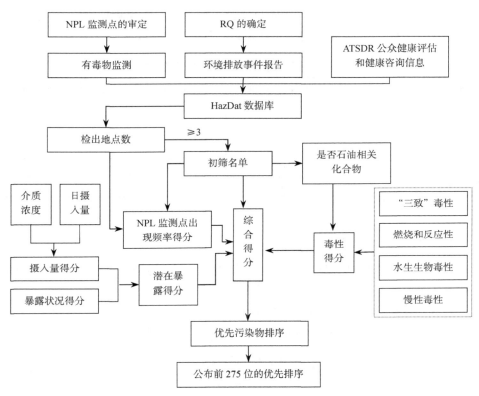

图 2-1　ATSDR 的 NPL 优先污染物的筛选排序程序（崔骁勇等，2010）

例如，铅在 NPL 监测点中出现频率最高，为 1274，若某污染物的出现频率为 833，则它的出现频率得分=（833/1274）×600=392。

2. 污染物毒性得分

污染物毒性评价采用美国 EPA 的 RQ（reportable quantities）方法（ATSDR，2017c）。RQ 方法考虑了急性毒性、慢性毒性、致癌性、水生生物毒性以及可燃性/反应性 5 个毒性指标，每个指标分为五个等级，分别赋予 1、10、100、1000 或 5000 的点值，具体赋值方法见附录 A 中附表 A-1 至附表 A-6。以 5 个毒性指标的最小 RQ 值作为污染物毒性 RQ 值。对没有 RQ 值的污染物，采用毒性/环境评分（toxicity/environmental score, TES）方法确定。TES 数据来源包括有害物质数据库（hazardous substances data bank，HSDB）、化学致癌研究信息系统（chemical carcinogenesis research information system，CCRIS）、综合风险信息系统（integrated risk information system，IRIS）、毒理学信息在线数据库（toxicology information online database）、化学物质毒性数据库（registry of toxic effects of chemical substances，RTECS）和美国生态毒理数据库（ecotoxicology database）。

毒性得分的计算采用 2/3 的累积指数衰减方法，为累积秩排序（cumulative ordinal rank, COR）的 2/3 指数与 600 相乘，具体见表 2-1。

表 2-1　基于 RQ 或 TES 的污染物毒性得分

RQ/TES	秩排序	累积秩排序（COR）	2/3COR[a]	毒性得分（2/3COR ×600）
1	0	0	1.0000	600
10	1	1	0.6667	400
100	2	3	0.2963	178
1000	3	6	0.0878	53
5000	4	10	0.0173	10

a. 2/3 COR 指 2 的累计秩排序次方与 3 的累计秩排序次方之比

3. 人群暴露潜势得分

人群暴露潜势包括两项，分别是污染物浓度（即污染源贡献项）和人群的暴露状况（即暴露贡献项），每项的赋值分别为 300 分。

1）污染源贡献项（source contribution, SC）

SC 计算时需区分污染物属低浓度高毒性还是高浓度低毒性：

$$SC = \frac{C_a A_a + C_w A_w + C_s A_s}{RQ或TES} \qquad (2\text{-}2)$$

式中：C——所有监测点检出该污染物的最高浓度的几何平均值；

A——介质的理论摄入量，按每天摄入水 1 L、土壤 200 mg 和空气 15 m³ 计算；

a、w、s——空气、水和土壤。

SC 的最高得分为 300 分，对 SC 取自然对数，然后用正态分布的方法。即：

$$SC得分 = \frac{\ln Min“cutoff” - \ln SC}{\ln Min“cutoff” - \ln Max“cutoff”} \times 300 \qquad (2\text{-}3)$$

式中，Min "cutoff" =几何平均值（GM）−2×几何标准差（GSD）；Max "cutoff" =几何平均值（GM）+2×几何标准差（GSD）。

若 SC 值低于 Min "cutoff"（GM−2GSD）赋值为 0，若 SC 值高于 Max "cutoff"（GM+2GSD）赋值为 300。

2）暴露贡献项

人群暴露状况根据人群实际暴露或潜在暴露某污染物（或含有该污染物的介质）的数量进行评价，这些信息来源于 HazDat 数据库中的 ATSDR 健康评估与健康咨询数据。得分的具体计算方法：将暴露状况分为 3 个等级，根据污染物的暴露状况级别进行赋值（表 2-2）。

表 2-2　暴露状况的分级及各级别的赋值范围

暴露状况	得分赋值范围
暴露于污染物	300~200
暴露于含有污染物的介质	200~100
潜在暴露于含有污染物的介质	100~1

$$暴露贡献得分 = \frac{暴露数}{最大暴露数} \times (赋值上限 - 赋值下限) + 赋值下限 \quad (2\text{-}4)$$

污染源贡献项与人群暴露贡献项的得分之和即为人群的暴露潜势总得分。

4. 综合得分

综合得分为候选污染物的出现频率得分、毒性得分和人群暴露潜势得分之和，即：

$$综合得分 = 出现频率得分 + 毒性得分 + 人群暴露潜势得分$$

2.1.2　美国饮用水候选化学污染物筛选技术

1996 年《安全饮用水法》（Safe Drinking Water Act，SDWA）中 1421（b）（1）条要求美国 EPA 定期公布污染物候选清单（contaminant candidate list，CCL），为下一步实施水污染物管制提供依据。SDWA 指出该清单的污染物需满足：①目前不受管制；②可能存在于公共供水系统；③在 SDWA 下需要管制。

1. 初始污染物候选名单（preliminary contaminant candidate list, PPCL）的确定

美国 EPA 对水环境中初始候选污染物的确定主要根据各化学物质的健康效应信息（health effect information）和存在/暴露信息（occurrence information），对指标分类排序，筛选出毒性大且出现概率高的指标。将健康效应信息置于纵坐标，存在/暴露信息置于横坐标（USEPA，2009a）（表 2-3）。

表 2-3　初始污染物候选名单确定与健康效应和存在/暴露数据间的关系

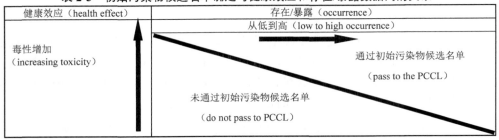

1）健康效应信息

健康效应信息可分为有剂量效应关系的数据和有风险分类的数据两类。有剂量效应关系的数据主要包括参考剂量（RfD）、未观察到不良效应的剂量（NOAEL）和最低观察到不良效应的剂量（LOAEL）。这些数据来自综合风险信息系统（IRIS）、有害物质数据库（HSDB）及有毒物质与疾病登记署毒性数据库（ATSDR toxicity profiles）。有风险分类的数据主要包括国际癌症研究机构（International Agency for Research on Cancer, IARC）以及美国国家癌症研究所（National Cancer Institute, NCI）等的分类结果。根据这两类数据情况，美国 EPA 将健康效应分为 5 类，即毒性类别 1~5，毒性类别 1 的毒性最强，依次降低（表 2-4）。具有风险分类数据的污染物只能在毒性类别 1~3 中划分（表 2-5）。

表 2-4　基于毒性参数的分类标准　单位：mg/(kg·d)或 mg/kg

类别	RfD	NOAEL	LOAEL	MRDD	LD$_{50}$
毒性类别 1	<0.0001	<0.01	<0.01	<0.01	<1
毒性类别 2	0.0001~0.001	0.01~1	0.01~1	0.01~1	1~50
毒性类别 3	0.001~0.05	1~10	1~10	1~10	50~500
毒性类别 4	0.05~0.1	10~1000	10~1000	10~1000	500~5000
毒性类别 5	≥0.1	≥1000	≥1000	≥1000	≥5000

表 2-5　有风险分类关系污染物的毒性参数分类标准

类别	TD$_{50}$	EPA	IARC/HC	NTP	NCI	DSS-Tox
毒性类别 1	<0.1	组 A	组 1	CE：2 种类/2 性别；或 2 种类；或 2 性别	P：2 种类/2 性别；或 2 种类；或 2 性别	H
毒性类别 2	0.1~100	组 B1 和 B2	组 2A	结合 CE、SE、EE 和 NE	结合 P、E 和 N	HM
毒性类别 3	>100	组 C	组 2B	结合 SE、EE 和 NE	结合 E 和 N	M 和 LM

注：CE= clear evidence，SE=some evidence，EE=equivocal evidence，NE=no evidence；P=positive，N=negative，E=equivocal；H=high probability，HM=high to medium probability，M=medium probability，LM=medium to low probability

2）存在/暴露信息

对于存在/暴露信息，美国 EPA 主要考虑 4 类：①化学物质在终端出水（finished water）中的检出频率与浓度水平；②化学物质在环境水（ambient water）中的检出频率与浓度水平；③环境释放量；④化学物质的生产量，如果是农药则考虑其施用量。上述 4 个指标体现的存在程度依次降低，优先顺序为：

终端出水（finished water）=环境水（ambient water）>环境释放量（environmental release data）>生产量（production data）

3）初始污染物候选名单的选择

初始污染物候选名单综合了健康效应信息和存在/暴露信息两类，具体见表2-6。

表 2-6　选择初始候选污染物

健康效应	存在/暴露数据		
	终端出水和环境水浓度	环境释放量	生产量
毒性类别 1	所有浓度	所有数量	所有数量
毒性类别 2	≥1 μg/L	≥10000 lbs/a	≥500000 lbs/a
毒性类别 3	≥10 μg/L	≥100000 lbs/a	≥10 Mlbs/a
毒性类别 4	≥100 μg/L	≥1 Mlbs/a	≥50 Mlbs/a
毒性类别 5	≥1000 μg/L	≥10 Mlbs/a	≥100 Mlbs/a

注：1 lbs=0.45359 kg

2. 最终污染物候选名单的确定

最终污染物候选名单的确定采用评分分类模型（scoring and classification system）和专家评判相结合的决策方式（USEPA，2009b）。

1）健康效应贡献

健康效应贡献得分考虑效价（potency）和严重度（severity）两个因素。效价反映在毒理学或流行病学研究中化学物质造成不良健康影响的最低剂量，其分值范围为1~10，分值越高表明导致负面健康效应的概率越大，评分依据为参考剂量（RfD）、致癌效力（cancer potency）、未观察到不良效应的剂量（NOAEL）、最低观察到不良效应的剂量（LOAEL）、大鼠经口半数致死量（LD_{50}）（附录 B 附表 B-1）。严重度（severity）用于表征污染指标导致负面生理变化的严重程度，为描述性分类属性。其分值范围为1~9。由于分值 9 代表生物体死亡，不符合 CCL 构建的目标要求，因此在评分时仅使用1~8分值（附录 B 附表 B-2）。

2）暴露贡献

暴露贡献主要考虑量级（magnitude）和流行性（prevalence）。量级属性用于表征污染指标在饮用水中可能达到的浓度水平，为定量评估属性，其分值范围为1~10，分值越高表明指标在饮用水中的浓度水平越高。评分依据为终端出水及环境水中污染指标浓度水平的中值，农药使用量等（附录 B 附表 B-3）。流行性用于表征污染指标的分布状况，其分值范围为1~10，分值越高，表明污染指标的分布范围越广。其评分依据为各州污染监测数据、农药使用量等。若某指标缺失该属性数据，可使用指标的持久性-迁移性（persistence-mobility）数据进行补充（附录 B 附表 B-4）。

3）样本评分与分类标准

美国 EPA 组织专家依照上述 4 项评估属性，对样本中各项指标进行独立"盲审"评分，随后综合所有专家的评分结果，经过全体专家会商，对评分体系及程序进行修订，经过多次迭代修订，最终全体专家达成一致，完成样本指标的评分。专家集体设定了相应的指标分类标准，将指标分为 4 类：列入 CCL（L）、可能列入 CCL（L？）、可能不列入 CCL（NL？）、不列入 CCL（NL）（表 2-7 和表 2-8）。

表 2-7　基于完全训练数据集的 QUEST 分类

共识决策	模型决策			
	4（L）	3（L？）	2（NL？）	1（NL）
4（L）	42	0	0	0
3（L？）	13	41	2	0
2（NL？）	0	8	54	3
1（NL）	0	0	2	37

表 2-8　基于 5-折交叉验证的 QUEST 分类

共识决策	模型决策			
	4（L）	3（L？）	2（NL？）	1（NL）
4（L）	41	1	0	0
3（L？）	14	37	5	0
2（NL？）	0	10	50	5
1（NL）	0	0	8	31

4）原型分类模型的训练与验证

美国 EPA 选取人工神经网络（artificial neural networks，ANNs）、分类与回归树（classification and regression tree，CART）、快速、无偏、高效统计树（quick unbiased efficient statistical tree，QUEST）、线性模型（linear model）、多元自适应回归样条法（multivariate adaptive regression spline，MARS）5 个模型进行评估。

模型选取完成后，将样本中数据代入各模型，将模型输出结果与专家评判的结果进行比较，分析差异产生的缘由，并采取相应的修订策略，随后重新进行模型运算。经过多次迭代修订后，模型的输出结果逐步稳定，可进行模型的验证（表 2-9）。

表 2-9　模型分类汇总

共识决策	模型决策			
	4（L）	3（L?）	2（NL?）	1（NL）
ANN				
4（L）	37	5	0	0
3（L?）	5	44	7	0
2（NL?）	0	6	53	6
1（NL）	0	0	5	34
CART				
4（L）	26	12	4	0
3（L?）	1	47	8	0
2（NL?）	0	9	53	3
1（NL）	0	0	8	31
Linear				
4（L）	26	16	0	0
3（L?）	1	47	8	0
2（NL?）	0	6	54	5
1（NL）	0	0	7	32
MARS				
4（L）	37	5	0	0
3（L?）	10	30	16	0
2（NL?）	0	3	59	3
1（NL）	0	0	6	33
QUEST				
4（L）	42	0	0	0
3（L?）	13	41	2	0
2（NL?）	0	8	54	3
1（NL）	0	0	2	37

5）完成化学类 CCL 的初步构建

通过模型后续完善措施的施行，美国 EPA 最终从 PCCL 中甄选并初步构建完成 CCL，该 CCL 将对公众发布征求意见，可进行修订，直至形成最终的 CCL。

2.2 欧盟水框架指令优先污染物筛选技术

欧洲议会和欧盟理事会制定了《欧盟水框架指令》（Water Framework Directive，WFD），并于 2000 年 12 月 22 日正式实施（EC，2000）。WFD 开发编译了一个来自 28 个国家、1153 种化学物质、14 000 000 个指标值的数据库，在此基础上对污染物进行计分排序筛选。欧盟对污染物风险评估和优先排序的具体方法是"综合基于监测和模型的优先设置方案"（combined monitoring-based and modeling-based priority setting scheme，COMMPS）（EC，1999）。通过模型预测和监测数据计算各污染物的暴露得分，通过效应数据计算效应得分，最后综合暴露和效应得分计算风险得分，按分值高低确定优先物质（图 2-2）。

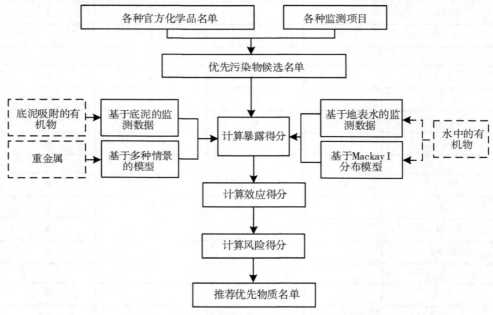

图 2-2　COMMPS 筛选水环境优先污染物程序

1. 候选物质名单的选择

候选物质名单的选择基于清单的方法（list-based approach）。列入欧盟候选物质名单的污染物一部分来自各种官方化学品名单，另一部分为各种监测项目中检出的水体污染物。具体来源：①欧盟理事会 76/464/EEC 指令中名单 Ⅰ 和 Ⅱ；②第三次北海会议附录 1A 和 1D 名单；③欧盟理事会条例 793/93 确定的优先物质名单；④OSPAR 候选物质名单；⑤HELCOM 优先物质名单；⑥欧盟理事会

91/414/EEC 指令确定列入 3600/92 条例的杀虫剂名单；⑦各成员国监测项目中检出的未列入上述名单的物质。由于检出物质种类较多，且监测数据参差不齐，欧盟对数据进行了可靠性检验，对理化性质和毒性效应相似的物质进行了归类，并剔除了欧盟非重点关注的物质。

2. 暴露得分的计算

在候选物质名单的基础上，首先分别计算各物质基于监测数据的暴露得分和基于模型的暴露得分。其中，基于监测数据的暴露得分计算见式（2-5）；基于模型的暴露得分计算以欧洲化学品管理局（European Chemicals Bureau, ECB）的 EURAM 算法为依据[式（2-6）]，水环境中化学品的暴露由 3 个因子决定：排放量（emission）、在水环境中的分配比例（distribution）和在水环境中的降解（degradation）。排放量根据生产量、输入量及使用方式计算；在水环境中的分配比例由 Mackay 模型计算；降解因子的取值依据化学物的性质而设定。

$$I\_EXP_i = \frac{\lg[C_i/(C_{\min}\times 0.1]}{\lg[C_{\max}/(C_{\min}\times 0.1]}\times 10 \qquad （2\text{-}5）$$

$$I\_EXP_i = 1.37(\lg EEXV + 1.301)\cdots \qquad （2\text{-}6）$$

式中，$EEXV = emission \times distribution \times degradation$。

3. 效应得分的计算

水环境中有机污染物的效应得分分 3 种：直接效应得分 EFS_d [式（2-7）]、间接效应得分 EFS_i 和人体效应得分 EFS_h。EFS_d 的计算以对水生生物无任何毒性作用浓度（predicted no effect concentrations, PNEC）为计算参数；EFS_i 的计算以实测的生物蓄积因子(bioconcentration factor, BCF)或 $\lg P_{ow}$ 作为表征生物累积潜力的参数；EFS_h 的计算根据污染物的致癌性、致突变性、生殖毒性以及经口慢性毒性。以上三项效应得分之和即为有机污染物的效应总分[式（2-8）]。

$$EFS_d = \frac{\lg[PNEC_i/(10\times PNEC_{\max})]}{\lg[PNEC_{\min}/(10\times PNEC_{\max})]}\times WF \qquad （2\text{-}7）$$

$$I\_EFF(有机物) = EFS_d + EFS_i + EFS_h \qquad （2\text{-}8）$$

4. 优先指数计算

污染物优先指数的计算如下：

$$I\_PRIO = I\_EXP \times I\_EFF \qquad （2\text{-}9）$$

5. 确定优先污染物名单

由于基于监测数据和基于模型计算所得的暴露得分不同，因此最终存在两种不同的优先排序。针对这一情况，欧盟以监测结果优先，模型作为没有监测数据的有效补充。此外，考虑到金属的特殊性，计算优先顺序时，将金属与其他物质分开排序。

2.3 澳大利亚优先污染物筛选技术

2.3.1 澳大利亚国家污染物筛选技术

澳大利亚政府与各州/领地政府合作，成立专门的技术顾问委员会（Technical Advisory Panel，TAP），开展国家污染物清单（national pollutant inventory，NPI）的制定（NEPC，1999）。TAP采用半定量的风险构成因子计分方法，对污染物的风险构成因子（包括危害性和暴露因子）分别赋值，然后综合各组分的得分得到污染物的风险总分，排序筛选。

TAP首先提出一份初始名单，并根据初始名单评估每种物质在人体健康效应、环境效应和暴露3个方面的得分，每个方面赋分为0~3分，然后根据风险=危害性（人体健康+环境）×暴露，计算污染物的风险总分，进行排序筛选。

1. 人体健康效应计算

针对人体健康效应的4个属性：急性毒性、慢性毒性、致癌性和生殖毒性，根据其风险等级的高、中、低、零分别计3分（强毒性）、2分（毒性）、1分（有害）、0分（附录C附表C-1至附表C-4）。

最终的人体健康效应得分计算见式（2-10）：

$$人体健康效应得分 = \frac{慢性毒性得分 + 急性毒性计分}{2} \qquad (2\text{-}10)$$

其中，慢性毒性得分计算方法见式（2-11）：

$$慢性毒性得分 = \frac{慢性毒性计分 + 致癌性计分 + 生殖毒性计分}{3} \qquad (2\text{-}11)$$

2. 环境效应计算

环境效应得分的计算根据环境效应4个属性：环境急性毒性、慢性毒性、持久性和生物富集性，按照风险等级的高、中、低、零分别计3分（强毒性）、2分

（毒性）、1 分（有害）和 0 分（附录 C 附表 C-5 至附表 C-8）。环境效应中急性和慢性毒性评分以欧盟的风险评级为基础，而欧盟风险评级中的慢性毒性已考虑了持久性和生物富集性因素，因此，NPI 对环境效应得分的计算式见（2-12）：

$$环境效应计分 = \frac{慢性毒性得分 + 急性毒性计分}{2} \qquad (2\text{-}12)$$

其中：

$$慢性毒性得分 = \frac{慢性毒性计分 + 持久性计分 + 生物富集计分}{3} \qquad (2\text{-}13)$$

3. 暴露评价

NPI 关于暴露评价主要从化学物质的释放、数量、环境转归等方面考虑，采取定性-定量结合的方式进行。主要考虑 5 个因素，分别为点源排放、面源排放、数量、环境转归和环境中的生物有效性。暴露得分的计算如下：

$$暴露计分 = \frac{(A+B)E}{6} \qquad (2\text{-}14)$$

其中：

$$B = \frac{C \times D}{3}$$

式中，A 为点源排放计分。3 分：高排放量，排放和使用范围广；2 分：中等排放和使用量；1 分：低排放和使用量；0 分：无排放和使用量。B 为面源排放计分，赋值原则同上。C 为数量计分。3 分：生产、生成、输入和使用量大；2 分：生产、生成、输入和使用量中；1 分：生产、生成、输入和使用量低；0 分：无生产、生成、输入和使用量。D 为环境转归计分。3 分：全部释放进入环境中；2 分：大部分排放进入环境；1 分：少量排放进入环境或产品量少；0 分：全部在工艺流程中转化或消失。E 为环境中的生物有效性计分。3 分：在环境中以生物有效性极高的形式存在；2 分：在特定的环境中以生物有效性的形式存在；1 分：极少以生物有效性的形式存在于环境；0 分：在环境中无生物有效性形式存在。

4. 风险计分方法

风险计分的确定是将人体健康效应与环境效应两者的得分相加（0~6 分），然后与暴露得分相乘（0~18 分），即风险得分=危害性计分（人体健康+环境）×暴露计分。通过该方法对 NPI 原始名单中初始名单中的物质进行排序，并根据最终风险得分大于或等于 3 这一原则，确定优先物质。

2.3.2 澳大利亚大气中优先污染物筛选技术

澳大利亚空气质量工作小组对大气中优先污染物的筛选基于风险的方法（risk-based methodology）（NEPC，2006），评估的重点主要针对公共健康。风险主要由两部分组成：危害识别和暴露评估。危害识别考虑致癌效应、生殖发育和致突变影响、呼吸系统影响、慢性非致癌效应、生物富集和其他显现的健康影响。暴露评估主要考虑 NPI 排放、复合源、持久性和光化学烟雾形成的可能性。最终的风险为危害和暴露相乘。

1. 危害识别得分

危害识别考虑致癌效应（a）[包含 IARC/USEPA 癌症分类（ai）和单位风险因素（aii）]、生殖发育和致突变影响（b）、呼吸系统影响（c）、慢性非致癌效应（d）、影响多个系统的物质（e）、生物富集（f）和其他显现的健康影响（g）。分别对不同属性赋值（附录 D 附表 D-1 至附表 D-8），最终危害识别得分（THI）= 1ai + 1aii + 1b + 1c + 1d + 1e + 1f + 1g。

2. 暴露得分

暴露评估主要考虑 NPI 排放（a）、复合源（b）、大气中的持久性（c）和光化学烟雾形成的可能性（d）。分别对不同属性赋值（附录 D 附表 D-9 至附表 D-12），最终总暴露得分（TEC）=（2a × 2b）+ 2c + 2d

3. 风险得分

风险=危害性得分×暴露得分，即：总分=THI×TEC。最终根据得分的高低筛选出优先污染物。

2.4 其他国家优先污染物筛选技术

2.4.1 英国优先污染物筛选技术

2004 年，英国环保局与苏格兰和北爱尔兰环境研究论坛（Scotland and Northern Ireland Forum for Environmental Research，SNIFFER）制定了一个稳健透明的优先污染物筛选方法，用以确定英国《水框架指令》附录Ⅷ中化学物质的优先顺序。该方法采取了半定量的方式进行污染物的筛选（图 2-3）（UK，2007），将环境持久性、污染物毒性和生物富集性作为主要的筛选指标，客观地反映污染物的潜在危害性。

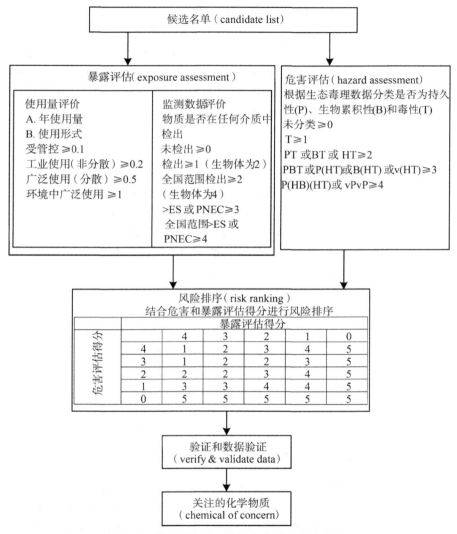

图 2-3　英国筛选水环境优先物质的筛选流程

1. 候选名单确定

候选名单的选择基于清单的方法（list-based approach）。列入候选名单的污染物来源包括现有的监测法规（existing monitoring obligations）、现有的法规（existing obligations）和其他的数据来源。其中现有的监测法规包括：贝类水指令（The Shellfish Water Directive，79/923/EEC）、淡水鱼指令（The Freshwater Fish Directive，

78/659/EEC）、洗浴用水指令（The Bathing Water Directive，76/160/EEC）和国家海洋监测项目（National Marine Monitoring Programme，NMMP）、环境变化网络（Environmental Change Network，ECN）；现有的法规包括：危险物质指令（The Dangerous Substances Directive，76/464/EEC）、北海保护——红色名录和有害物质列表（Protection of North Sea—Red List and Hazardous Substances List）、OSPAR 优先化学物质、OSPAR 水产品中兽药物质、欧盟污染物排放登记处、斯德哥尔摩公约的持久性有机污染物/美国环境规划持久性有机污染物等。

2. 暴露评估

暴露得分的计算由使用量和监测数据两部分组成。使用量的评价包括物质的使用数量（以吨计）及其使用形式，其中使用数量可采用欧洲的数据，并假定从英格兰和威尔士扩散的污染物含量占 20%；物质的使用形式可分为受管控、工业使用（非分散）、广泛使用（分散）和环境中广泛使用几类。监测数据评价主要考虑物质在环境中的检出情况，检出指地表水中的浓度大于 0.1 μg/L 和地下水的任何浓度（> 0 μg/L）。全国范围检出指大于或等于 2 个区域检出。

3. 危害评估

根据生态毒理数据分类是否为持久性（P）、生物累积性（B）和毒性（T）进行赋分，具体的赋分方法见附录 E 附图 E-1 和附表 E-1。

4. 风险排序

结合危害和暴露评估得分进行风险排序。

2.4.2　日本优先污染物筛选技术

日本于 1997 年开始实施污染物排放和转移登记（Pollutants Release and Transfer Register，PRTR）项目，采用部分排序理论（partial order theory，POT）和随机线性外推法（random linear extension，RLE）对污染物进行排序。筛选方法具体借鉴 Hasse 图解法，采用向量描述化合物的危害性，以图形方式显示化合物危害性的相对大小以及它们之间的逻辑关系，污染物的环境与健康效应可以用包含 n 个原始向量表示，即

$$E=(e_1, e_2, \cdots, e_n)$$

对于任意两个污染物 A 和 B，若 A 的所有向量都大于 B 向量，则 A 的优先度在 B 之前，反之亦然。若 A 向量的某些元素大于 B 向量的对应元素，而另一些元素小于 B 向量，则 A 和 B 的相对优先度不确定。

假设有 5 种污染物，以两个参数进行排序，则可能的排序方式有 3 种（图 2-4）。

将每种污染物在各个排序位置的可能列入表 2-10 中，以各位置为权重，将某污染物在各位置的可能性累加，可以得到其排序值，如 a 的排序值为 5×1=5，则 5 种污染物的排序值从 a 到 e 依次为：5，3.67，3，2.33 和 1（表 2-11）。

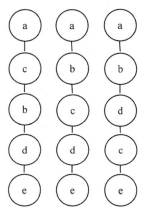

图 2-4　Hasse 图中 5 种物质的所有可能的排序方式

表 2-10　各污染物在各个排序位置出现的可能次数

顺序	污染物				
	a	b	c	d	e
5	3	0	0	0	0
4	0	2	1	0	0
3	0	1	1	1	0
2	0	0	1	2	0
1	0	0	0	0	3

表 2-11　各污染物在各个排序位置出现的可能概率

顺序	污染物				
	a	b	c	d	e
5	1	0	0	0	0
4	0	0.67	0.33	0	0
3	0	0.33	0.33	0.33	0
2	0	0	0.33	0.67	0
1	0	0	0	0	1
平均	5	3.67	3	2.33	1

2.5　中国环境中优先污染物筛选技术

2.5.1　我国 68 种优先污染物筛选技术

　　我国对水环境中优先污染物的筛选主要是 20 世纪 90 年代由中国环境监测总站组织研究，结合国内外优先污染物筛选的一般程序，按照一定的原则，综合考虑有毒有害污染物的检出率、理化性质和毒性程度等，筛选出对健康危害最大的污染物。中国水环境优先污染物的筛选从工业污染源调查和环境监测着手，汇总了约 10 万个数据，并且从全国有毒化学品登记库中检索出 2347 种污染物的初始名单，按照图 2-5 的程序，最终筛选出了水环境中优先控制的 68 种污染物名单。

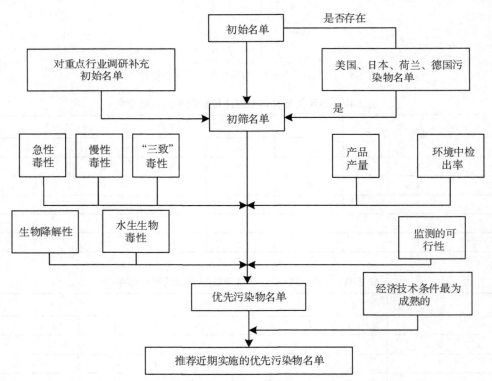

图 2-5　我国水环境中 68 种优先污染物筛选程序框架图

　　污染物筛选的原则如下：
　　（1）选择毒性效应较大的化合物；
　　（2）选择在环境中难降解，易于生物积累和具有环境持久性的化合物；
　　（3）选择国际组织和先进工业国家已公布的优先污染物；

（4）选择检出率和环境暴露浓度较高的化合物；

（5）选择有污染源，可能造成严重危害的化合物。

2.5.2　我国环境优先监测有机污染物筛选技术

2002 年中国环境监测总站在"典型区域中有毒有害污染物安全性评估及控制对策研究"专题中研究了我国优先控制有毒有害污染物推荐名单，筛选程序如图 2-6 所示。

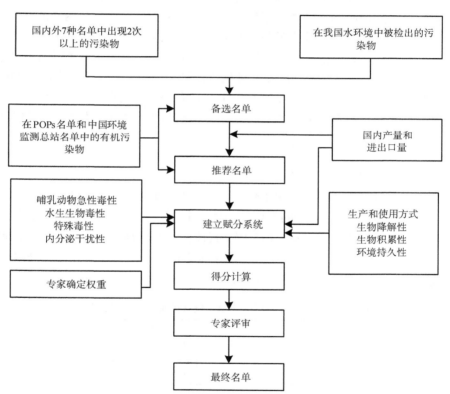

图 2-6　水中优先监测有机污染物名单筛选程序

1. 备选污染物的提名、备选与推荐名单的确立

针对我国当时的生产状况、技术水平、研究基础等，提出了如下筛选原则：

（1）在我国现有环境水体中存在，且被有关环境监测机构检出的污染物；

（2）在国内有一定的生产量或进口量，可能造成较严重接触和环境危害的污染物；

（3）对人类毒性危害大，特别是有或可能有致癌、致突变和生殖毒性（"三致"毒性）的污染物；

（4）具有较高生态毒性，可能对环境中水生和陆生生物造成严重危害的污染物；

（5）环境中难降解，易于生物累积和具有环境持久性的污染物；

（6）已被联合国有关机构列入禁止或严格控制名单或者被两个以上国家限制使用的物质；

（7）已被国家环境保护总局或监测机构列入优先控制污染物名单的物质。

对符合上述原则的污染物采用环境检出为筛选指标，结合国内外的 7 个相关名单确定备选名单。环境检出的依据是该课题在沈阳、江苏、天津和上海四个监测点的监测数据。7 个相关名单包括了美国清洁水法管理的 129 种优先污染物名单、美国水污染物控制法管理的 299 种优先污染物名单、荷兰政府公布的 43 种优先污染物名单、德国内政部公布的水中 120 种有害物质名单、持久性污染物国际文件规定的名单、我国 93 种重点管理化学物质名单、中国环境监测总站提出的"水中优先控制污染物黑名单"。

2. 筛选评价指标和危害分级

参考国内外相关工作，提出了包括 10 项指标的体系（表 2-12），即：
（1）反映环境暴露水平的指标：环境检出性、生产量和进口量、使用方式；
（2）反映健康危害的指标：内分泌干扰性、对哺乳动物的急性毒性、特殊毒性；
（3）反映生态环境危害的指标：水生生物毒性、生物降解性、生物积累性、环境持久性。

表 2-12　我国水环境优先污染物筛选的危害评价等级基准

指标		分值					
		5	4	3	2	1	0
环境检出	检出的个数	—	4	3	2	1	0
生产与进口量（t/a）		—	—	>10 000	1000~10 000	500~1000	1~500	<1
使用方式		A	B	C	D	E	—
内分泌干扰性		—	—	—	—	有	无
急性毒性	LD_{50}	—	<5	5~50	50~5000	>5000	无数据
致癌性	IARC 分级	—	1	2A	2B	3	无数据
致突变性				人或三种以上生物结果阳性	一种大型哺乳动物或两种生物结果阳性	一种生物结果阳性	无阳性结果

续表

指标		分值					
		5	4	3	2	1	0
生殖毒性	—	—	—	人或三种以上生物结果阳性	一种大型哺乳动物或两种生物结果阳性	一种生物结果阳性	无阳性结果
水生生物毒性	—	—	<1	1~10	10~100	>100	无数据
生物降解性	—	—	不分解	难分解	分解	易分解	无数据
生物积累性	$\lg K_{ow}$	—	—	>4.2	3.5~4.2	<3.5	无数据
	BCF	—	—	>1000	100~1000	<100	无数据
环境持久性	半衰期	—	—	>50	10-50	<10	—

3. 最终名单的制定

根据来自环境保护、毒理学、医学等领域的 9 名专家对上述赋分体系中各指标给出的权重，将污染物的各指标得分与其权重的乘积求和来计算该污染物的综合评分。10 项指标的权重依次为：0.105、0.087、0.080、0.017、0.119、0.092、0.096、0.111、0.129、0.072。

2.6　筛选技术述评

不同国家的筛选方案所用的评估方法各有不同。表 2-13 比较了不同国家优先污染物筛选方法。总体上，目前普遍采用的评价方法大致可以分为定量评分法和半定量评分法。定量评分法，主要基于多介质环境目标值评分和污染物的毒性、暴露状况、环境健康状况等的得分。该方法的最大优点在于其考虑的影响因素较全面，能够进行量化，如美国基于 NPL 的优先排序方法。半定量评分方法，虽然也给出了污染物得分，但最终的优先污染物名单主要依靠专家评判确定，如欧盟的 COMMPS 法。另外还有一种评分方法为 Hasse 图解法，该方法通过向量来描述污染物的危害性，以图形的方式展示污染物危害性的相对大小以及它们之间的逻辑。

在内容上，大致可分为危害性评估和风险性评估两大类。前者考虑污染物固有的环境危害性和健康危害性，但是不考虑其在环境中的水平和暴露情况，仅反映了污染物的潜在风险。而风险性评估则是在危害性评估的基础上进一步考虑污染物在环境中的存在形式、水平和转化等，有时还结合特定的暴露途径，分析污染物的健康风险和生态风险。在风险性评估的优先污染物筛选方法中，基本上均考虑了污染物的毒性或危害。污染物毒性效应终点选择根据不同的评价目的而有所不同。人体健康效应的评估终点大都包括非致癌毒性或一般健康效应（急性毒性、慢性毒性、刺激性、敏感性等）、致癌性/致突变性/遗传毒性和生殖发育毒性等。然而，对于暴露评估的差异性较大。环境中很多因素会影响生物对污染物的暴露，如污染物的理化性质、环境条件；此外，污染物释放、暴露人群、暴露途径、估计暴露点的浓度、摄入量等的不同也对暴露的评估影响较大。在所有的评估中均没有局部尺度的细致暴露分析，大多筛选方法根据评价目的确定主要的暴露方式。筛选方法的最后一步通常是风险的组合与加权。表 2-13 中的筛选方案大都考虑了环境影响、健康效应和暴露，但是均采用不同的方式将毒性和暴露结合起来计分、筛选和排序。例如欧盟和澳大利亚筛选方法选用了毒性和暴露相乘的方式，而美国和中国选用了污染指标加和的筛选方法。对于以加和方式的筛选方法，当污染物有较高的暴露或较高的毒性时，其排序可能靠前；而对于以乘积方式的筛选方法，当污染物有较高的毒性但无暴露或较低暴露时，其排序可能是零或更小。

表 2-13　国内外优先污染物筛选方法的比较

	研究指标	美国	欧盟	澳大利亚	日本 PRTR	中国
暴露指标	污染物出现频率	√		√		√
	暴露	√	√	√	√	√
	暴露途径	√				
	环境分布	实测	实测	模型	实测	实测
毒性指标	间接生态效应					
	健康效应组成	完整	完整	完整	完整	
	污染物介质	SWA	W	W	SWA	W
	赋值	精	√	粗		√
	总分计算方法	加权加和	乘积	乘积		加权加和
	排序	√	√	√	√	√
	管理结合	√	√	√	√	√

2.7　国内外污染物清单技术概况

2.7.1　不同国家和地区优先污染物清单比较

选取目前国际上具有代表性的优先污染物清单进行梳理与归纳比较（附录 G 附表 G-1）。这些优先污染物清单包括美国 126 种优先污染物黑名单和超级基金优

先污染物名单、欧盟第 2455/2001/EC 号决议提出的优先物质名单、澳大利亚 89
种环境优先污染物名单，中国环境监测总站提出的中国水体优先控制污染物黑名
单（1989 年）和我国水中优先检测有机污染物推荐名单（2001 年）。

通过比较和分析，砷、镍、镉，芳香族化合物中苯、甲苯和六氯苯，卤代脂
肪烃中二氯甲烷、三氯甲烷、1,2-二氯乙烷、1,1,2,2-四氯乙烷、三氯乙烯和四氯乙
烯，酞酸酯类中邻苯二甲酸二正丁酯和邻苯二甲酸二辛酯，苯酚以及甲醛等是各
个国家关注相对较高的优先污染物。

我国提出的优先污染物名单（合并后 93 种）中有 68 种在美国的优先污染物
名单，26 种在加拿大优先污染物名单，32 种在澳大利亚优先污染物名单。我国优
先污染物名单中包含重金属 9 种、芳香族化合物 11 种、酚类 5 种、卤代脂肪烃 13
种、多环芳烃 8 种、农药类 15 种、酞酸酯 4 种，而美国优先污染物名单中包含重
金属 20 种（含不同价态）、芳香族化合物 21 种、酚类 17 种、卤代脂肪烃 37 种、
多环芳烃 17 种、农药类 44 种、酞酸酯 8 种，此外，美国优先污染物名单中还包
含全氟化合物、二噁英等物质。

2.7.2　不同国家和地区水环境质量基准/标准中的清单比较

根据国际上水环境质量标准和基准方面研究的代表性，选择美国环境保护局
2015 年发布的《国家推荐水质基准》和国家饮用水水质标准、WHO 的《饮用水
水质准则》、欧盟的《饮用水水质指令》、加拿大的饮用水水质指导值（第六版）、
澳大利亚现行的饮用水水质标准、日本的保护人体健康水质基准与中国现行的《地
表水环境质量标准》（GB 3838）7 个国家（或地区/组织）的水环境基准/标准指标
中涉及的化学污染物进行梳理与归纳比较（附录 H 附表 H-1）。通过比较和分析，
铅、镉、汞、砷、硼、硒，芳香族化合物中苯、卤代脂肪烃中二氯甲烷、三氯甲烷、
1,2-二氯乙烷以及农药中的西玛津和莠去津基本上是各国家或组织优先监控的水环
境污染物。

美国水环境化学监测指标数量 235 种，中国水环境化学监测指标数量 84 种，
我国水环境质量监测中的化学指标除 5 种金属及其化合物（汞、六价铬、铁、四
乙基铅、甲基汞）、6 种农药（乐果、敌敌畏、敌百虫、甲萘威、对硫磷、内吸磷）、
芳香族化合物 2,4 二硝基氯苯等外，其他均在美国水环境监测指标体系中。与美
国的水环境监测指标相比，我国在卤代脂肪烃类、多环芳烃、农药类等有机物指
标较少。例如，美国多环芳烃的监测指标有 15 种，我国仅有 1 种（苯并[a]芘）；
美国的卤代脂肪烃有 32 种，我国仅有 12 种；美国的农药类有 68 种，我国仅有
14 种。

2.7.3　不同国家和地区土壤环境质量基准/标准中的清单比较

根据目前国际上在土壤环境质量标准和基准方面研究的代表性，选择美国区域筛选值、加拿大污染场地土壤中保护人体健康的环境质量指导值、英国基于人体健康风险评估的土壤指导值（SGVs）和荷兰土壤环境目标值和干预值中涉及的化学污染物指标，并与中国现行的《土壤环境质量　建设用地土壤污染风险管控标准》（GB 36600）和《土壤环境质量　农用地土壤污染风险管控标准》（GB 15618）进行梳理与归纳比较（附录 I 附表 I-1）。通过比较和分析，大部分重金属包括汞、镍、砷、镉、铅、锑、铍、钴、铜、锌，芳香族化合物中苯、甲苯、乙苯、氯苯、苯乙烯，卤代脂肪烃中二氯甲烷、1,2-二氯乙烷，1,1,1-三氯乙烷、1,1,2-三氯乙烷、1,1-二氯乙烯、1,1-二氯乙烷和 1,1,2-三氯乙烯基本上是各个国家或组织优先监控的土壤环境污染物。

美国区域筛选值监测指标数量 412 种，中国建设用地和农用地土壤污染风险管控的污染物监测指标数量 84 种。我国建设用地和农用地土壤污染风险管控的污染物均在美国区域筛选值的监测指标体系中。

2.7.4　不同国家和地区大气环境质量基准/标准中的清单比较

根据目前国际上在大气环境质量标准和基准方面研究的代表性，选择美国《美国清洁空气法案》、WHO《环境空气质量准则》、欧盟《环境空气质量标准及清洁空气法案》、澳大利亚空气质量标准、日本环境空气质量标准和英国《英国空气质量阈值》涉及的大气污染物与中国现行的《环境空气质量标准》（GB 3095）进行梳理与归纳比较（附录 J 附表 J-1）。通过比较分析，常规的大气污染物如一氧化碳、二氧化氮、二氧化硫、臭氧、PM$_{10}$、PM$_{2.5}$、铅、苯等基本上是各个国家或组织共同关注的大气污染物。

与其他国家相比，我国大气环境的监测指标中仍然保留了传统的氮氧化物和总悬浮颗粒物项目。对于苯、甲苯、二氯甲烷等挥发性或半挥发性化合物，WHO的监测指标中有 11 种，日本有 4 种，而我国仅有苯和苯并[a]芘两种物质。

参 考 文 献

崔骁勇, 丁文军, 柴团耀, 等. 2010. 国内外化学污染物环境与健康风险排序比较研究. 北京: 科学出版社: 16-23.

ATSDR. 2017a. Support document to the 2017 substance priority list (candidates for toxicological profiles). Agency for Toxic Substances and Disease Registry Division of Toxicology and Human

Health Sciences, Atlanta, GA 30333. https://www.atsdr.cdc.gov/spl/resources/ATSDR_2017_SPL_Support_Document.pdf.

ATSDR. 2017b. 2017 substance priority list. https://www.atsdr.cdc.gov/spl/index.html# 2017spl.

ATSDR. 2017c. EPA reportable quantity methodology used to establish toxicity/environmental scores for the substance priority list. https://www.atsdr.cdc.gov/spl/resources/atsdr_tes_methodology.pdf.

EC (European Commission). 1999. Study on the prioritisation of substances dangerous to the aquatic environment. European Communities. https://publications.europa.eu/portal2012-portlet/html/download Handler.jsp?identifier=f4bc0323-77eb-4f63-be65-abbbad27aa9a&format=pdfa1b&language=en& productionSystem=cellar&part=.

EC (European Commission). 2000. Directive 2000/60/EC of the European Parliament and of the council of 23 October 2000 establishing a framework for Community action in the field of water policy. Brussels: Official Journal of the European Communities.1-72.

NEPC (National Environment Protection Council). 1999. National pollutant inventory-technical advisory panel. National Environment Protection Council. http://www.npi.gov.au/system/files/resources/9d7e8b40-863c-8be4—5502- c3b643bcf5ce/files/npi-tap-report.pdf.

NEPC (National Environment Protection Council). 2006. National environment protection (air toxics) measure air toxics tier 2 Prioritisation Methodology. National Environment Protection Council. http://www.nepc.gov.au/system/files/resources/5f9dc9f2-51ca-22c4-7d11-30b7b5f4f826/files/att2 tier2prioritisationmethodology200606.pdf.

UK. 2007. Prioritising chemicals for standard derivation under Annex VIII of the Water Framework Directive. https://www.gov.uk/government/uploads/system/uploads/attachment_data/file/290973/scho 0607bmvx-e-e.pdf.

USEPA. 2009a. Final contaminant candidate list 3 chemicals: Screening to a PCCL. United States Environmental Protection Agency. https://www.epa.gov/sites/production/files/2014-05/documents/ccl3chem_screening_to_pccl_ 08-31-09_ 508v2.pdf.

USEPA. 2009b. Final contaminant candidate list 3 chemicals: Classification of the PCCL to the CCL. United States Environmental Protection Agency. https://www.epa.gov/sites/production/files/2014-05/documents/ccl3_pccltoccl_ 08-31-09_508.pdf.

第3章　保护人体健康的环境基准研究概况

人体健康基准研究主要围绕毒理学、暴露评价以及生物累积三方面内容开展。开展污染物的急性、亚急性和慢性毒性，发育，生殖，神经毒性方面的毒性实验；基于污染物的剂量-效应关系，通过未观察到不良效应的剂量（NOAEL）以及最低观察到不良效应的剂量（LOAEL）等相关参数推导基准剂量，并利用多参数模型计算人体健康基准值。针对不同污染物，分别设定了致癌和非致癌两类毒性效应终点。基于设定的风险管理目标，推导以保护人体健康为目的的各种介质中污染物浓度限值。

3.1　保护人体健康的水环境基准研究

3.1.1　美国保护人体健康水质基准

美国对水质基准的研究开展较早，已建立了一套较完善的水环境质量基准体系。以 1985 年发布的《推导保护水生生物及其用途的定量化国家水质基准技术指南》为基础，目前已发布了包括保护人体健康的水质基准、保护水生生物及其使用功能的水质基准、防止水体富营养化的营养物基准以及其他相关基准。

美国环境保护局（USEPA）于 2000 年发布了《推导保护人体健康水环境质量基准方法学》，首次系统地介绍了人体健康水质基准制定的基本理论与方法，形成了保护人体健康的水质基准推导指南。此后，美国水质基准的各项参数不断更新，分别于 2003 年及 2009 年发布相关文件（USEPA，2003，2009），对生物累积系数等参数进行修订更新，并于 2012 年引入 EPI（Estimation programs interface）模型程序从而对生物累积系数进行更新修正；USEPA 将污染物对人体健康影响的效应终点分为致癌和非致癌两类，其基准制订采用健康风险评估方法，对人体健康无害的可接受致癌风险水平限定为 10^{-6}；暴露评估研究则综合考虑了饮水、生物等多种暴露途径和水平，涉及的生物累积评价考虑了污染物在各营养级中的生物放大和生物有效性等多种因素。

美国《推导保护人体健康水环境质量基准方法学》规定了推导人体健康基准的 4 个步骤，即暴露分析、污染物动态分析、毒性效应分析和基准推导。对可疑的或已证实的致癌物，需估算各种浓度下人群致癌风险概率的增量；对非致癌物，则估算不对人体健康产生有害影响的水环境浓度。

暴露分析：大多数人体健康基准考虑的暴露仅来自饮用水或水体中鱼类和贝类的摄入，对于其他多种暴露途径如经空气、皮肤等的暴露，在基准推导时没有考虑。此外，人体健康水质基准还需要确定受体（即人体）的默认体重值，淡水河/近海鱼、贝类的平均日消费量，平均每天饮水量等参数。

污染物动态分析：选择动物实验模拟研究污染物的吸收、分布、代谢和排泄情况，以评价其在人体和动物体内的归宿。

毒性效应分析：收集并分析污染物的急性毒性、亚急性毒性和慢性毒性，协同和拮抗效应的数据，以及致癌、致畸和致突变性的资料。

人体健康基准推导：基于致癌性、毒性或感官性质（味觉和嗅觉），不同污染物的基准推导方法不同，基准值的用途也不同。

保护人体健康的水质基准推导公式：

非致癌效应：

$$AWQC = RfD \cdot RSC \cdot \left(\frac{BW}{DI + \sum_{i=2}^{4} \left(FI_i \cdot BAF_i \right)} \right) \qquad (3\text{-}1)$$

致癌效应：

①非线性低剂量外推法

$$AWQC = \frac{POD}{UF} \cdot RSC \cdot \left(\frac{BW}{DI + \sum_{i=2}^{4} \left(FI_i \cdot BAF_i \right)} \right) \qquad (3\text{-}2)$$

②线性低剂量外推法

$$AWQC = RSD \cdot \left(\frac{BW}{DI + \sum_{i=2}^{4} \left(FI_i \cdot BAF_i \right)} \right) \qquad (3\text{-}3)$$

式中：AWQC——环境水质基准，mg/L；

　　　RfD——非致癌效应的参考剂量，mg/(kg·d)；

　　　POD——致癌物质非线性低剂量外推法的起始点，mg/(kg·d)，通常为
　　　　　　　LOAEL、NOAEL 或 LED$_{10}$（10%致癌效应对应剂量的 95%置信

区间下限);

UF——致癌物质非线性低剂量外推法的不确定系数，量纲为 1；

RSD——致癌物质线性低剂量外推法的特定风险剂量（与目标风险如 10^{-6} 相关的剂量），mg/（kg·d）；

RSC——用于解释非水源暴露的相对源贡献率（不适用于致癌物质线性低剂量外推法），可以是一个百分数（相乘），也可以是一个被减数，由多重基准是否与化学物质相关决定；

BW——人体体重（默认值为 70 kg，成人）；

DI——饮用水摄入量（默认值为 2 L/d，成人）；

FI_i——鱼类摄入量（默认值为 0.0175 kg/d，普通成年人群和垂钓者；0.142 kg/d，以捕鱼为生的渔民）；

BAF_i——生物累积系数，脂质标准化，L/kg。

3.1.2 欧盟保护人体健康水质基准

欧盟（European Union，EU）涉及保护人体健康水质基准的方法学文件为《欧盟水框架指令》（EC，2011）。欧盟基准的推导优先采用 WHO 的计算方法，并结合欧盟现有的环境质量标准。目前，环境质量标准 2013/39/EU 指令已规定了 2455/2001/EC 指令中 33 种和 2008/105/EC 指令中 15 种优先物质在内陆地表水、其他水体的水质年平均值（AA-EQS）和最大允许浓度（MAC-EQS）以及生物体中环境质量标准（EC，2013）。欧盟推导人体健康水质基准包括 5 个步骤（EC，2011）：危害受体识别（identify receptors and compartments at risk）、数据收集与质量评估（collate and quality assess data）、基准推导（extrapolation）、基准值提出（propose EQS）、基准值实施（implement EQS）。

欧盟保护人体健康的水质基准推导主要考虑饮水和鱼类水产品摄入两个途径。

1. 饮水摄入的水质基准推导

1）EU 或 WHO 有饮用水标准

● 标准高于其他 QS 值（如 $QS_{fw.\ eco}$，$QS_{sw.\ eco}$，$QS_{fw.\ secpois}$，$QS_{sw.\ secpois}$，$QS_{water.\ hh\ food}$）时，无须推导 $QS_{dw.\ hh}$；

● 标准低于其他 QS 值（如 $QS_{fw.\ eco}$，$QS_{sw.\ eco}$，$QS_{fw.\ secpois}$，$QS_{sw.\ secpois}$，$QS_{water.\ hh\ food}$）时，$QS_{dw.\ hh}$ 推导如下：

$$QS_{dw,\ hh} = \frac{欧盟饮用水标准(98\ /\ 83\ /\ EC)}{F} \quad (3\text{-}4)$$

2）EU 或 WHO 无饮用水标准

$$QS_{dw,\ hh} = \frac{0.1 \cdot TL_{hh} \cdot BW}{C_{dw}} \tag{3-5}$$

式中：F——去除效率；

　　　TL_{hh}——毒性标准，其值为每日耐受摄入量（TDI）或可接受的每日摄取量（ADI），参考剂量（RfD）和基准剂量。当 ADI 和 TDI 不可用时，TL_{hh} 可通过未观察到不良效应的剂量（NOAEL）计算：

$$TL_{hh} = \frac{NOAEL_{min}}{100};$$

　　　C_{dw}——饮水摄入量，成人（体重为 70 kg）默认为 2 L/d。

- 计算的标准高于其他 QS 值（如 $QS_{fw.eco}$，$QS_{sw.\ eco}$，$QS_{fw.\ secpois}$，$QS_{sw.\ secpois}$，$QS_{water,\ hh\ food}$）时，无须推导 $QS_{dw.\ hh}$；
- 标准严于其他 QS 值（如 $QS_{fw.eco}$，$QS_{sw.\ eco}$，$QS_{fw.\ secpois}$，$QS_{sw.\ secpois}$，$QS_{water,\ hh\ food}$）时，$QS_{dw.\ hh}$ 推导应考虑水处理工艺对水处理效率（F），具体参照式（3-5）。

欧盟饮用水体中水质基准推导程序见图 3-1。

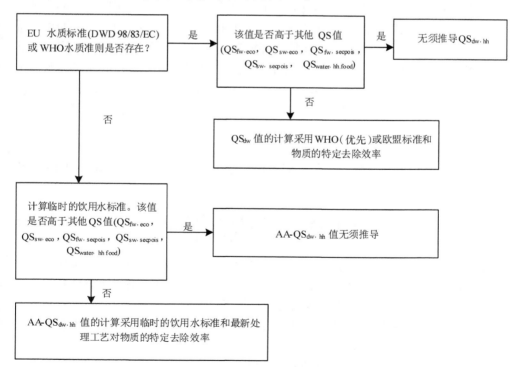

图 3-1　欧盟饮用水体中水质基准推导程序图

2. 鱼类水产品摄入的水质基准推导

欧盟尚未建立摄入鱼类等水产品的水质基准 $QS_{biota,\,hh\,food}$ 推导方法。目前，所用 $QS_{biota,\,hh\,food}$ 的推导方法主要参考 Lepper（2005）方法。方法假设人体从鱼类等水产品中对污染物的吸收不超过阈值水平的 10%，并假设成人（体重为 70 kg）对鱼类的消费量为 0.115 kg/d。$QS_{biota,\,hh\,food}$ 的计算为下式：

$$QS_{biota,\,hh\,food} = \frac{0.1 \cdot TL \cdot BW}{0.115} \tag{3-6}$$

3.1.3　WHO 保护人体健康水质基准

WHO 于 2011 年更新出版了《饮用水水质准则（第四版）》（简称《准则》）（WHO，2011）。《准则》中化合物基准值的推导基于人体健康风险评价，将污染物分为有阈值的化学物质和无阈值的化学物质，根据化学物质风险评估理论推导基准阈值。WHO 采用两种方法制定基准值：一种用于"有阈值的化学物质"（非致癌物），另一种用于"无阈值的化学物质"（致癌物）。而在选择应用有阈值方法或无阈值方法时，主要考虑致癌物质可能的致癌机理。WHO 和国际化学品安全规划署（ICPS）根据动物毒理学研究成果推导有毒物质的环境健康基准（environmental health criteria），在特定环境和目标变量的情况下，确定污染物（或其他因素）暴露与风险（或者不良影响）量级之间的关系。其中相关参数规定成年人饮用水摄入量为 2 L/d、体重 60 kg；未成年人饮水摄入量为 1 L/d、体重 10 kg；婴儿饮水摄入量为 0.75 L/d、体重 5 kg；相对源分配（RSA）为 10%~20%。

1. 有阈值的化学物质

对于有阈值的化学物质，每日耐受摄入量（tolerable daily intake，TDI）计算式：

$$TDI = \frac{NOAEL或LOAEL或BMDL}{UF\,和/或\,CSAF} \tag{3-7}$$

式中：NOAEL——未观察到不良效应的剂量，一般以长期实验作为基础；

　　　　LOAEL——最低观测到不良效应的剂量，用 LOAEL 替代 NOAEL 时，需另加不确定性系数进行修正；

　　　　BMDL——基准剂量置信下限，依据临界效应的剂量-效应关系数据得出；

　　　　UF——不确定系数；

　　　　CSAF——特定化学物质的调节系数。

准则值（guideline value，GV）可由 TDI 确定而得：

$$GV = \frac{TDI \times BW \times P}{C} \qquad (3-8)$$

式中：BW——体重；

　　　P——通过饮用水摄入部分占 TDI 的份额；

　　　C——每日饮用水消费量。

2. 无阈值的化学物质

对具有遗传毒性的致癌物，基准值通常使用数学模型来确定。一般采用线性多级模型。这些模型在特定暴露水平计算风险估计值，同时计算置信区间的上限与下限。无阈化学物质的可接受风险水平为 $10^{-4} \sim 10^{-6}$，一般默认为 10^{-5}。

3.1.4　中国保护人体健康水质基准

中国水质基准研究相对滞后，近年基于国际主流的水质基准推导方法已取得相关研究成果。2017 年 6 月 9 日，环境保护部批准发布了《人体健康水质基准制定技术指南》（HJ 837—2017），规定了人体健康水质基准制定的程序、方法和技术要求。该指南充分借鉴了国外如美国《推导保护人体健康水质基准技术指南》及相关技术支持文件，对人体健康水质基准推导过程中涉及的生物累积系数、毒性效应分析、相关源贡献率以及人体暴露参数等关键技术环节进行了规范。与此同时，环境保护部也发布了相关配套标准《水质基准数据整编技术规范 第 1 部分：污染物含量》（GB/T 34666.1—2017）和《水质基准数据整编技术规范 第 2 部分：水生生物毒性》（GB/T 34666.2—2017），以规范水质基准数据的整编工作。目前，我国尚未发布有关保护人体健康的环境污染物基准阈值，水质基准研究处于初期阶段，需不断探索适于中国人群特征的水质基准。

3.2　保护人体健康的土壤环境基准研究

3.2.1　美国保护人体健康土壤基准

美国 EPA 于 1996 年颁布了土壤筛选导则（soil screening guidance），提供了制定基于风险的保护人体健康土壤筛选值（soil screening level，SSL）技术框架，阐明了通用土壤筛选值的应用及区域土壤筛选值的制定方法。2002 年发布了《超级基金场地土壤筛选值制定的补充导则》，更新了住宅用地的模型和参数，补充了非住宅用地（商业/工业用地）和建筑施工用地土壤筛选值的计算方法（USEPA，2002）。

美国 EPA 考虑了儿童和成人两类敏感人群,并规定了不同用地方式考虑的主要暴露途径(表 3-1)。

表 3-1　不同用地方式的主要暴露途径(USEPA, 2002)

暴露途径	住宅用地		商业/工业用地				建筑施工用地			
			室外工人		室内工人		建筑工人		场外居民	
	表层土	下层土	表层土	下层土	表层土	下层土	表层土	下层土	表层土	下层土
直接摄入	√	√	√	√	√		√	√		
皮肤接触	√	√	√	√	√		√	√		
吸入室外污染物蒸气		√		√				√		
吸入室外土壤颗粒物	√		√				√			
吸入室内污染物蒸气		√				√				
饮用受土壤淋溶污染的地下水		√		√		√				

1. 直接摄入土壤途径

非致癌物筛选值推导计算见式(3-9):

$$\text{Screening Level} = \frac{THQ \times BW \times AT_n \times 365\text{d}/\text{a}}{1/RfD_o \times 10^{-6}\,\text{kg}/\text{mg} \times EF \times ED \times IR} \qquad (3\text{-}9)$$

致癌物的筛选值推导计算见式(3-10):

$$\text{Screening Level} = \frac{TR \times AT_c \times 365\text{d}/\text{a}}{SF_o \times 10^{-6}\,\text{kg}/\text{mg} \times EF \times IF_{\text{soil/adj}}} \qquad (3\text{-}10)$$

式中:THQ (target hazard quotient)——目标风险系数,默认值为 1;

BW (body weight)——体重,15 kg;

AT_n (averaging time)——平均时间,默认值为 6 a;

RfD_o (oral reference dose)——口服参考剂量[mg/(kg·d)];

EF (exposure frequency)——暴露频率(d/a),默认值为 350 d;

ED (exposure duration)——暴露时间,a;

IR (soil ingestion rate)——土壤摄食速率,默认值为 200 mg/d;

TR (target cancer risk)——目标癌症系数,默认值为 10^{-6};

AT_c (averaging time)——平均时间,默认值为 70 a;

SF_o (oral slope factor)——口服斜率系数[mg/(kg·d)]$^{-1}$;

IF$_{soil/adj}$ (age-adjusted soil ingestion factor)——适应年龄的土壤摄入量，默认值为 114 (mg·a)/(kg·d)。

2. 皮肤接触土壤途径

非致癌物筛选值推导计算见式（3-11）：

$$Screening\ Level = \frac{THQ \times BW \times AT_n \times 365d\,/\,a}{1\,/\,RfD_{ABS} \times AF \times ABS_d \times EV \times SA \times 10^{-6}kg\,/\,mg \times EF \times ED}$$

（3-11）

致癌物的筛选值推导计算见式（3-12）：

$$Screening\ Level = \frac{TR \times AT_c \times 365d\,/\,a}{SF_{ABS} \times ABS_d \times EV \times 10^{-6}kg\,/\,mg \times EF}$$

（3-12）

式中： RfD$_{ABS}$ (dermally adjusted reference dose)——皮肤暴露参考剂量[mg/(kg·d)]；

AF (skin-soil adherence factor)——皮肤-土壤黏附因子[(mg/cm-event)^2]；

ABS$_d$ (dermal absorption factor)——皮肤吸收因子（无量纲）；

EV (event frequency)——事件频率(event/d)；

SF$_{ABS}$ (dermally adjusted cancer slope factor)——皮肤致癌斜率系数[mg/(kg·d)]$^{-1}$；

SA (surface area exposed)——暴露的皮肤表面积（cm^2）。

3. 吸入室外土壤颗粒物途径

吸入室外土壤颗粒物途径主要考虑的是半挥发性的有机物和重金属。

重金属非致癌物的筛选值推导见式（3-13）：

$$Screening\ Level = \frac{THQ \times AT \times 365d/a}{EF \times ED \times \left[\dfrac{1}{RfC} \times \dfrac{1}{PEF}\right]}$$

（3-13）

重金属致癌物的筛选值推导见式（3-14）：

$$Screening\ Level = \frac{TR \times AT \times 365\ d/a}{URF \times 1000\mu g\,/\,mg \times EF \times ED \times \dfrac{1}{PEF}}$$

（3-14）

式中： THQ (target hazard quotient)——目标风险系数，默认值为 1；

BW (body weight)——体重，15 kg；

EF (exposure frequency)——暴露频率（d/a），默认 350 d；

ED (exposure duration)——暴露时间，30 a；

RfC (inhalation reference concentration)——吸入参考剂量（mg/m^3）；

PEF (particulate emission factor)——颗粒物释放因子（m^3/kg）；

TR (target cancer risk)——目标癌症系数，默认值为 10^{-6}；

AT (averaging time)——平均时间，式（3-13）默认值为 30 a，式（3-14）默认值为 70 a；

URF (inhalation unit risk factor)——吸入风险因子[$(\mu g/m^3)^{-1}$]。

挥发性致癌物质的土壤健康基准的推导，见式（3-15）：

$$Screening\ Level = \frac{TR \times AT \times 365d/a}{URF \times 1000\ \mu g/mg \times EF \times ED \times \dfrac{1}{VF}} \quad (3\text{-}15)$$

挥发性非致癌物质的土壤健康基准的推导，见式（3-16）：

$$Screening\ Level = \frac{THQ \times AT \times 365d/a}{EF \times ED \times \left[\dfrac{1}{RfC} \times \dfrac{1}{VF}\right]} \quad (3\text{-}16)$$

式中：VF (soil-to-air volatilization factor)——土壤/大气挥发因子（m^3/kg）。

3.2.2 加拿大保护人体健康土壤基准

加拿大环境部长理事会（Canadian Council of Ministers of the Environment，CCME）于 1996 年颁布了《保护环境和人体健康的土壤质量指导值制订指南》，并经多次修订，对缺省参数的设置、模型的使用、不同类型污染物暴露方式、受体情况及暴露途径等内容进行更新和完善，形成当前的土壤质量指导值（soil quality guideline，SQG）（Canada Health，2006）。SQG 分为保护人体健康的土壤质量指导值 SQG_{HH} 和保护生态环境的土壤质量指导值 SQG_E 两类。保护人体健康的包括直接暴露途径（经口摄入、皮肤接触、呼吸吸入土壤颗粒物）和间接暴露途径（地下水、食链物、室内空气、异位迁移）。

CCME 考虑了农业用地、居住/公园用地、商业用地和工业用地四种土地用地方式，并规定了不同用地方式考虑的主要暴露途径（表3-2）。

表 3-2　不同用地方式的主要暴露途径（Canada Health, 2006）

暴露途径	农业用地	居住/公园用地	商业用地	工业用地
直接途径（SQG_{DH}）	√	√	√	√
呼吸吸入（SQG_{IAQ}）	√	√	√	√
饮用地下水（SQG_{PW}）	√	√	√	√
食用受污染的农产品、肉和奶制品（SQG_{FI}）	√	√		
异位迁移（$SQG_{OM\text{-}HH}$）			√	√

1. 直接暴露途径

直接暴露途径包括土壤摄入、皮肤接触和呼吸吸入土壤颗粒物。

1）有阈值化学物质

毒性机理相同的推导见式（3-17）：

$$SQG_{DH} = \frac{(TDI - EDI) \times SAF \times BW}{[(AF_G \times SIR) + (AF_S \times SR) + (AF_L \times IR_S) \times ET_2] \times ET_1} + BSC \quad （3-17）$$

毒性机理不同（取三者最小值为 SQG_{DH}）的推导见式（3-18）至式（3-20）：

$$SQG_{DH-SI} = \frac{(TDI - EDI) \times SAF \times BW}{(AF_G \times SIR) \times ET_1} + BSC \quad （摄入途径） \quad （3-18）$$

$$SQG_{DH-DC} = \frac{(TDI - EDI) \times SAF \times BW}{(AF_S \times SR) \times ET_1} + BSC \quad （皮肤接触途径） \quad （3-19）$$

$$SQG_{DH-PI} = \frac{(TDI - EDI) \times SAF \times BW}{(AF_L \times IR_S) \times ET_2 \times ET_1} + BSC （颗粒物吸入） \quad （3-20）$$

式中：SQG_{DH}——基于人体健康的直接土壤指导值（mg/kg）；

TDI (tolerable daily intake)——每日耐受摄入量[mg/(kg bw·d)]；

EDI (estimated daily intake)——每日估计摄入量[mg/(kg·d)]；

SAF (soil allocation factor)——土壤分配系数（无量纲）；

BW (body weight)——体重（kg）；

BSC (background soil concentration)——土壤背景浓度（mg/kg）；

AF_G (relative absorption factor for gut)——相对肠吸收因子（无量纲）；

AF_L (relative absorption factor for lung)——相对肺吸收因子（无量纲）；

AF_S (relative absorption factor for skin)——相对皮肤吸收因子（无量纲）；

SIR (soil ingestion rate)——土壤摄入率（kg/d）；

IR_S (soil inhalation rate)——土壤呼吸速率（kg/d）；

SR (soil dermal contact rate)——土壤接触皮肤速率（kg/d）；

ET_1 (exposure term 1)——暴露 1；

ET_2 (exposure term 2)——暴露 2。

2）无阈值化学物质

毒性机理相同的推导见式（3-21）：

$$SQG_{DH} = \frac{RSD \times BW}{[(AF_G \times SIR) + (AF_S \times SR) + (AF_L \times IR_S)] \times ET} + BSC \quad （3-21）$$

毒性机理不同（取三者最小值为 SQG_{DH}）的推导见式（3-22）至式（3-24）：

$$SQG_{HH\text{-}SI} = \frac{RSD \times BW}{(AF_G \times SIR) \times ET} + BSC(摄入途径) \qquad （3\text{-}22）$$

$$SQG_{HH\text{-}DC} = \frac{RSD \times BW}{(AF_S \times SR) \times ET} + BSC(皮肤接触) \qquad （3\text{-}23）$$

$$SQG_{HH\text{-}PI} = \frac{RSD \times BW}{(AF_L \times IR_S) \times ET} + BSC(颗粒物吸入) \qquad （3\text{-}24）$$

式中，RSD (risk specific dose)——风险具体剂量[mg/(kg·d)]。

2. 间接暴露途径

间接暴露途径包括饮用地下水、吸入室内空气、摄食作物和异位迁移。

1）饮用地下水

$$SQG_{GW} = C_L \left\{ K_d + \left(\frac{\theta_w + H'\theta_a}{\rho_b} \right) \right\} \qquad （3\text{-}25）$$

式中：SQG_{GW}——保护地下水的土壤质量指导值（mg/kg）；

　　　C_L——允许渗滤液浓度（mg/L）；

　　　K_d——分配系数（cm³/g）；

　　　θ_w——充水孔隙率（无量纲）；

　　　H'——亨利系数；

　　　θ_a——充气孔隙率（无量纲）；

　　　ρ_b——土壤容重（g/cm³）。

2）吸入室内空气

有阈值化合物：

$$SQG_{IAQ} = \frac{(TC - C_a)(\theta_w + K_{OC}f_{OC}\rho_b + H'\theta_a) \cdot SAF \cdot DF_i \times 10^3 g/kg}{ET \times 10^6 \, cm^3 / m^3} + BSC$$

无阈值化合物：

$$SQG_{IAQ} = \frac{RSC(\theta_w + K_{OC}f_{OC}\rho_b + H'\theta_a) \cdot DF_i \times 10^3 g/kg}{ET \times 10^6 \, cm^3 / m^3} + BSC$$

式中：SQG_{IAQ}——吸入室内空气的土壤环境质量指导值（mg/kg）；

　　　TC——耐受浓度或参考浓度（mg/m³）；

C_a——室内或室外空气背景浓度（mg/m³）；

DF$_i$——土壤到室内空气的稀释因子（无量纲）。

3）摄食受污染的作物

有阈值化学物质：

$$SQG_{FI} = \frac{(TDI - EDI) \times BW \times SAF}{P_h \times P_c \times B_v + M_h \times M_c \times B_p \times SIR_c + MK_h \times MK_c \times B_m \times SIR_c} + BSC$$

（3-26）

无阈值化合物：

$$SQG_{FI} = \frac{RSD \times BW}{P_h \times P_c \times P_v + M_h \times M_c \times B_p \times SIR_c + MK_h \times MK_c \times B_m \times SIR_c} + BSC$$

（3-27）

式中：SQG$_{FI}$——摄食污染作物的土壤质量指导值（mg/kg）；

　　　P$_h$——自产作物比例（农用地为 0.5，居住用地为 0.1）；

　　　P$_c$——作物消费速率（kg/d）；

　　　B$_v$——作物生物转化因子（d/kg）；

　　　M$_h$——自产肉制品比例（农用地为 0.5，居住用地为 0）；

　　　M$_c$——肉制品消费速率（kg/d）；

　　　B$_p$——肉制品生物转化因子（d/kg）；

　　　SIR$_c$——牛的土壤摄入量（0.9 kg/d）；

　　　MK$_h$——自产牛奶比例（农用地为 1.0，居住用地为 0）；

　　　MK$_c$——乳制品消费速率（kg/d）；

　　　B$_m$——乳制品生物转化因子（d/kg）。

4）异位迁移途径

$$SQG_{OM} = 14.3 \times SQG_A - 13.3 \times BSC$$

（3-28）

式中：SQG$_{OM}$——异位迁移途径的土壤质量指导值（mg/kg）；

　　　SQG$_A$——农业用地的土壤质量指导值（mg/kg）。

3.2.3　英国保护人体健康土壤基准

2002 年，英国环境署和环境、食品与农村事务部以及苏格兰环境保护局联合开发了 CLEA（contaminated land exposure assessment）模型，用以进行污染场地评估以及获取土壤指导限值（soil guideline values, SGVs）（UK，2009a，2009b）。CLEA

模型考虑表层污染土壤，评价场地人群（包括成人和儿童）与污染土壤直接或间接接触而产生的暴露，评价时间为 1~70 年。

CLEA 模型规定了三种土地利用类型，分别为居住用地、租赁农业用地和商业/工业用地，并在不同土地用途下制订了敏感受体及其暴露特征（表 3-3）。CLEA 不同暴露途径化学物质摄入率见表 3-4。SGVs 通过设定日平均暴露量（average daily exposure，ADE）与健康标准值（health criteria values，HCV）的比值，采用 CLEA 模型进行推导。

表 3-3　不同土地用途下的敏感受体暴露特征

土地用途	敏感受体	暴露持续时间	暴露途径	建筑物类型
居住用地	0~6 岁女童	6 年	直接摄入土壤 直接摄入室内灰尘 摄入自产作物 摄入附着自产作物上的土壤 皮肤接触土壤和室内灰尘 吸入室内和室外灰尘和蒸汽	两层的连栋平房
租赁农业用地	0~6 岁女童	6 年	直接摄入土壤 摄入自产作物 摄入附着自产作物上的土壤 皮肤接触土壤 吸入室外灰尘和蒸汽	无建筑物
商业/工业用地	16~65 岁成年女性	49 年	直接摄入土壤和室内灰尘 皮肤接触土壤和灰尘 吸入灰尘和蒸汽	三层办公楼（1970）

表 3-4　CLEA 不同暴露途径化学物质摄入率计算公式

摄入途径	计算公式
直接摄入土壤和灰尘	$IR = C_s \times S_{ing}$
间接摄入附着在自产作物上的土壤	$IR = \sum_{\text{所有自产作物}} C_s \times SL_x \times PF_x \times CR_x \times BW \times DW_x \times HF_x$
摄入自产作物	$IR = \sum_{\text{所有自产作物}} C_s \times CF_x \times CR_x \times BW \times HF_x$
皮肤接触室外土壤	$IR = C_s \times n \times AF \times ABS_d \times A_{skin} \times \dfrac{1}{1000}\, g/mg \times 10000\, cm^2/m^2$
皮肤接触室内灰尘	$IR = C_s \times TF \times n \times AF \times ABS_d \times A_{skin} \times \dfrac{1}{1000}\, g/mg \times 10000\, cm^2/m^2$
吸入室内灰尘	$IR = \left[C_s \times \left(\dfrac{1}{PEF} \right) \times \dfrac{1}{1000}\, g/kg + (C_s \times TF \times DL) \right] \times V_{inh} \times \left(\dfrac{T_{\text{site-indoor}}}{24} \right)$

续表

摄入途径	计算公式
吸入室外空气中来自土壤	$IR = C_{air\text{-}outdoor} \times V_{inh} \times \left(\dfrac{T_{site\text{-}outdoor}}{24} \right)$
吸入室内空气中来自土壤	$IR = C_{air\text{-}indoor} \times V_{inh} \times \left(\dfrac{T_{site\text{-}indoor}}{24} \right)$

注：IR——从土壤和灰尘中摄入化学物质的摄入率，mg/d；

C_s——土壤中化学物质浓度，mg/g；

S_{ing}——土壤和灰尘的摄入率，g/d；

SL_x——土壤荷载系数，g/g；

PF_x——食物制备校正系数，无量纲；

CR_x——单位体重的食物消耗率，g·fw/(kg·bw/d)；

BW——体重，kg；

DW_x——作物湿重和干重的转换系数，g·dw/(g·fw)；

HF_x——自产作物分数，无量纲；

x——六个自产作物；

CF_x——每种自产作物的土壤-植物浓度系数，(mg/g)/(mg/kg)；

AF——土壤-皮肤的黏附因子，mg/cm²；

ABS_d——皮肤吸收因子，无量纲；

A_{skin}——皮肤暴露面积，m²；

n——每天接触土壤事件次数，d⁻¹；

TF——根据土壤类型确定的灰尘的传输系数，g/g；

PEF——颗粒物排放因子，m³/kg；

DL——室内灰尘含量因子，g/m³；

V_{inh}——每日吸入速率，m³/d；

T_{site}——场地占用期，h/d

3.2.4　新西兰保护人体健康土壤基准

新西兰环境部先后颁布了一系列土壤指导值（soil guideline values，SGV）。其中保护人体健康土壤基准的推导暴露途径主要包括土壤直接摄入、皮肤吸收和农产品摄入（ME, 2011）。

1. 直接摄入

有阈值化合物的土壤基准推导式：

$$SGV_i = \frac{(RHS - BI) \times BW \times AT \times 10^6}{IR \times EF \times ED} \quad （3\text{-}29）$$

无阈值化合物的土壤基准推导式：

$$SGV_i = \frac{RHS \times 27375 \times 10^6}{IR_{adj} \times EF} \quad (3\text{-}30)$$

式中：SGV_i——暴露途径 i 的土壤质量指导值（mg/d）；

RHS——特定污染物的健康参考值[mg/(kg bw·d)]；

BI——背景摄入量[mg/(kg bw·d)]；

ED——暴露时间（a）；

EF——暴露频率（d/a）；

AT——暴露持续时间，有阈值化合物为 ED × 365 d，无阈值化合物为 75 a × 365=27375 d；

BW——体重（kg）；

IR——土壤摄入量（mg/d）。

2. 皮肤吸收

有阈值化合物的土壤基准推导式：

$$SGV_d = \frac{(RHS - BI) \times BW \times AT \times 10^6}{AR \times AH \times AF \times EF \times ED \times EV} \quad (3\text{-}31)$$

无阈值化合物的土壤基准推导式：

$$SGV_{ing} = \frac{RHS \times 37375 \times 10^6}{IR_{adj} \times AF \times EF} \quad (3\text{-}32)$$

式中：AR——皮肤暴露的表面积（cm²）；

AH——土壤黏附系数（mg/cm² event）；

AF——特定污染物的皮肤吸收因子；

EV——每日皮肤接触事件频率（event/d）。

3. 农产品摄入

有阈值化合物的土壤基准推导式：

$$SGV_p = \frac{(RHS - BI) \times BW \times AT}{IP \times P_g \times ED \times EF[(BCF_{root} + SL_{root}) \times p_{root} + (BCF_{tuber} + SL_{tuber}) \times p_{tuer} + (BCF_{leafyt} + SL_{leafyt}) \times p_{leafy}]}$$

无阈值化合物的土壤基准推导式：

$$SGV_p = \frac{RHS \times 27375}{IP_{adj} \times P_g \times EF[(BCF_{root} + SL_{root}) \times P_{root} + (BCF_{tuber} + SL_{tuber}) \times P_{tuer} + (BCF_{leafyt} + SL_{leafyt}) \times P_{leafy}]}$$

式中：IP——作物摄入量（kg/d，干重）；

P_g——自产作物所占比例（无量纲）；

BCF——特定污染物的生物富集因子（无量纲）；

SL——特定作物的土壤附着因子（无量纲）；

P——每种作物每日消费量所占比重（无量纲）。

3.2.5　中国保护人体健康土壤基准

中国土壤环境基准研究始于 20 世纪 70 年代，对我国《土壤环境质量标准》进行制订。基于土壤背景值的研究成果，开展了污染物对植物生长、微生物、食物链及环境效应的综合影响研究。在当时其理念具有先进性，填补了我国长期缺失土壤环境质量标准的空白，使土壤环境污染研究、土壤环境质量评估和管理等有法可依，有效促进了土壤资源的保护、管理与监督。但是，长期以来，我国对土壤污染造成的人体健康和生态环境破坏重视不够，尤其是土壤污染的风险评价技术和方法严重缺失，基于我国人群特点、自有物种特性和土壤类型的基础数据十分匮乏，尚未建立一套可完全支撑土壤质量评价和风险评估的环境基准值，大大限制了土壤环境质量管理及土地的可持续发展。

近年来，借鉴发达国家的方法开展了场地土壤风险评价筛选值的制订研究。2018 年生态环境部批准了《土壤环境质量　建设用地土壤污染风险管控标准》（GB 36600—2018）和《土壤环境质量　农用地土壤污染风险管控标准》（GB 15618—2018）。

3.3　保护人体健康的大气环境基准研究

3.3.1　美国保护人体健康大气基准

美国《清洁空气法案》（Clean Air Act，CAA）第 108 条和 109 条提出对国家环境空气质量标准（national ambient air quality standards，NAAQS）的审查和制/修订，规定美国 EPA 行政官员根据自己的合理评判，列出引起空气污染和危害公共卫生或福利的污染物，并制定这些污染物的空气质量基准。近年来，美国将"空气污染物基准文件"更名为"空气污染物的综合科学评价（integrated science assessment for air pollutants，ISAs）"（USEPA，2015）。目前，美国已制定了臭氧、颗粒物、一氧化碳、硫氧化物、二氧化氮和铅 6 种主要污染物的大气基准。

美国空气环境基准的制修订包括 4 个步骤：规划阶段（planning）、综合科学评估（integrated science assessment，ISA）、风险/暴露评估（risk/exposure assessment，REA）和政策评估（policy assessment，PA）（图 3-2）。

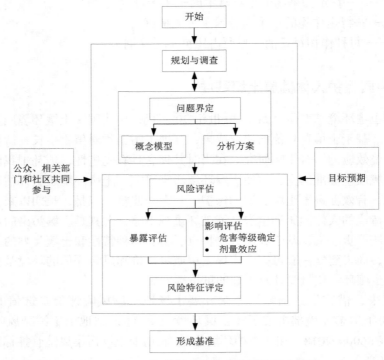

图 3-2　美国环境空气质量基准的制修订流程图

1）规划阶段

规划阶段开始于一个科学政策研讨会，目的是收集与政策相关的科学界和公众方面的信息，以及设计评估过程的相关问题。EPA 准备一项综合科学审查计划（integrated review plan，IRP），包括审查的全过程时间安排，实施审查的流程以及指导整个审查过程和关键政策相关科学问题。

2）综合科学评估

该评估针对与政策密切的科学问题进行全面综合的审查与评估，包括风险与暴露评估进展，以及环境空气质量标准审查涉及问题的科学判断。ISA 的基本过程包括：文献调研（literature research）、研究选择（study selection）、单个研究质量评估（evaluation of individual study quality）、证据的评价与整合（evaluation，synthesis，and integration of the evidence）和科学结论的形成和因果确定（development of scientific conclusions and causal determinations）（USEPA，2015）。

　　3）风险/暴露评估

该项评估对 ISA 中的信息和结论进行总结，对人体健康和环境质量暴露和风险进行量化的特征描述，包括当前空气质量条件，以及预估满足当前空气质量标准或替代空气质量标准要求的情景。并要求对预估情景相关的不确定性进行说明。

　　4）政策评估

该评估是在政策决定前，EPA 高级管理层对替代政策选项的科学基础进行评估。该评估的目的是 ISA 和 REA 的科学评估和最终决策在是否维持或修改空气质量标准间建立起沟通的桥梁。清洁空气科学咨询委员会（Clean Air Scientific Advisory Committee，CASA）通过该项评估为 EPA 关于现有空气质量标准及其修订提出意见和建议。政策评估关注空气质量标准的最基本要素：指标、平均时间、方式和限值水平。

3.3.2　WHO 保护人体健康大气基准

WHO 的空气质量准则是依据目前与空气污染及其健康影响相关的大量科学证据制定的。WHO 制定的《欧洲空气质量指南》《关于颗粒物、臭氧、二氧化氮和二氧化硫的空气质量准则》和《环境空气质量指南》文件将大气环境健康基准推导方法总结为：确定大气污染物的来源；确定基准污染物的筛选原则；确定指示性污染物；深入调查大气污染物的研究资料，根据所调查的毒理学及流行病研究成果对大气污染物进行健康效应分析；针对相关数据较少、难以确定定量关系的大气污染物，具有非致癌终点以及具有致癌效应的大气污染物，分别可以采用不同的方法确定健康基准值。

确定大气污染物的来源以及基准污染物的筛选原则。危险度定量评价方法是分析污染物来源的主要方法。由于尚未确定污染物的阈值，并且个体暴露水平和在特定暴露水平下产生的健康效应存在差异，确定污染物来源需考虑地理位置、分布，标准的制订过程需考虑当地条件的限制、能力和公共卫生等问题，以实现最低的污染物浓度为目标确定大气健康基准值。

确定指示性污染物。假设不同来源的污染物健康效应相同，制定指示性污染物的短期暴露（1 小时、24 小时）和长期暴露（年平均）的基准值。深入调查大气污染物的研究资料，包括污染物的动物毒性研究结果、流行病学资料（长期短期暴露污染物与死亡率的关系，暴露对健康的影响）、致毒效应反应类型是否存在阈值、某些特殊的敏感性人群暴露污染物后健康效应等数据，来确定大气健康基准值。

根据所调查的毒理学及流行病研究成果对大气污染物进行健康效应分析，基于暴露组学研究，对生物个体大气污染物内暴露测定，确定污染物内暴露剂量，比较患者和健康受试者暴露组的分析结果；确定有效的生物标志物，进而利用生物标志物来阐明暴露-效应关系，综合考虑混合污染物暴露影响，全面系统地推算出基准值。

　　针对相关数据少、难以确定定量关系的基准大气污染物，具有非致癌终点以及有致癌效应的大气污染物，可采用不同的方法确定其健康基准值。例如确定用于识别人群可接受水平指导值时，通过科学判断，可使用"不良影响"和"证据充足"等主观术语；非致癌终点污染物的基准值可使用一定暴露时间内对人体健康无致毒效应污染物最大剂量，包括了各个相关领域的指导建议；具有致癌效应的污染物可使用人体癌症定量风险评估值作为基准值。确定阈值时要提出过渡时期的目标，综合考虑与单一污染物高度相关的共存污染物大气健康的基准值。

　　GBD 2010 和更新的 GBD 2013 研究建立了综合暴露-反应（integrated exposure-response, IER）模型（WHO，2016），可用于构建 PM$_{2.5}$ 暴露引起急性下呼吸道感染（acute lower respiratory disease, ALRI）、肺癌、慢性阻塞性疾病肺疾病（chronic obstructive pulmonary disease, COPD）、中风和缺血性心脏病（ischaemic heart disease，IHD）的相对风险度（relative risk，RR）。计算公式如下：

　　当 $z < z_{cf}$ 时，

$$RR_{IER}(z) = 1 \tag{3-33}$$

　　当 $z \geqslant z_{cf}$ 时，

$$RR_{IER}(z) = 1 + a\{1 - \exp[-\gamma(z - z_{cf})^{\delta}\} \tag{3-34}$$

式中，z 是年平均浓度；z_{cf} 是反事实浓度；α，γ 和 δ 是参数估计；IER 对于 IHD 和中风是年龄特异性的。

　　对不同性别和年龄组，ALRI，COPD、中风和 IHD 的人群归因分数计算公式如下：

$$PAF = \frac{\sum_{i=1}^{n} P_i(RR - 1)}{\sum_{i=1}^{n} P_i(RR - 1) + 1} \tag{3-35}$$

式中，i 是颗粒物浓度（μg/m³），P_i 是暴露空气污染的人口占比。

　　对于不同健康结局的疾病负担（attributable burden，AB），计算公式如下：

$$AB = PAF \times \text{health outcome} \tag{3-36}$$

参 考 文 献

Canada Health. 2006. A protocol for the derivation of environmental and human health soil quality guidelines. Canadian Council of Ministers of the Environment. http://ceqgrcqe.ccme.ca/download/en/351.

EC (European Commission). 2011. Guidance document No. 27: Technical guidance for deriving environmental quality standards. Common Implementation Strategy for the Water Framework Directive (2000/60/EC).

EC (European Commission). 2013. Directive 2013/39/EU of the European Parliament and of the Council of 12 August 2013 amending Directives 2000/60/EC and 2008/105/EC as regards priority substances in the field of water policy. Official Journal of the European Union.

Lepper P. 2005. Manual on the methodological framework to derive environmental quality standards for priority substances in accordance with Article 16 of the Water Framework Directive (2000/60/EC). Fraunhofer Institute Molecular Biology and Applied Ecology: Schmallenberg, Germany. 15 September 2005.

ME (Ministry for the Environment). 2011. Methodology for deriving standards for contaminants in soil to protect human health. Wellington: Ministry for the Environment.

UK Environmental Agency. 2009a. Updated technical background to the CLEA model.

UK Environmental Agency. 2009b. Using soil guideline values.

USEPA. 1996. Soil screening guidance: User's guide (second edition). United States Environmental Protection Agency, Office of Solid Waste and Emergency Response Wahington, DC 20460. https://semspub.epa.gov/work/03/2218760.pdf.

USEPA. 2000. Methodology for deriving ambient water quality criteria for the protection of human health (2000). U.S. Environmental Protection Agency Washington, DC 20460.

USEPA. 2002. Supplemental guidance for developing soil screening levels for Superfund sites, Soild Waste and Emergency Response, United States Environmental Protection. https://semspub.epa.gov/work/HQ/175878.pdf.

USEPA. 2003. Methodology for deriving ambient water quality criteria for the protection of human health (2000), Technical support document volume 2: Development of national bioaccumulation factors. Office of Science and Technology Office of Water, U.S. Environmental Protection Agency Washington, DC 20460.

USEPA. 2009. Methodology for deriving ambient water quality criteria for the protection of human health (2000), Technical support document volume 3: Development of site-specific bioaccumulation factors. Office of Science and Technology Office of Water, U.S. Environmental Protection Agency Washington, DC 20460.

USEPA. 2015. Preamble to the integrated science assessments, United States Environmental Protection, Office of Research and Development National Center for Environmental Assessment, RTP Division.

WHO (World Health Organization). 2000. Air Quality Guidelines for Europe　(Second edition). WHO

Regional Publications. European Series, No. 91.

WHO (World Health Organization). 2011. Guidelines for drinking-water quality fourth edition. World Health Organization [EB/OL]. http://apps.who.int/iris/bitstream/10665/44584/1/9789241548151_eng.pdf.

WHO (World Health Organization). 2016. Ambient air pollution: A global assessment of exposure and burden of disease [EB/OL]. http://apps.who.int/iris/bitstream/10665/250141/1/9789241511353_eng.pdf.

第4章 保护人体健康的环境基准污染物筛选技术

4.1 基 本 思 路

环境健康基准污染物的筛选采取定性与半定量相结合的方法。在人体健康环境基准推导技术理论基础上，借鉴美国基于 Superfund 的优先排序方法、欧盟水环境优先污染物筛选 CHIAT 方案和澳大利亚优先污染物筛选方法，结合我国环境污染和人群暴露的实际情况，确定具有我国特色的环境基准污染物筛选方法。

4.2 筛 选 原 则

保护人体健康环境基准污染物的筛选原则主要包括：

（1）选择具有较大的生产量、进口量或排放量，并在环境中广泛存在的污染物。"年产量"或"使用量"是其中最为常用的一个参数，该信息是定量的，而且一般根据生产量可以粗略地估计潜在的排放量。"检出频率"为另一主要参数，表征了某个污染物在环境介质中被检出的频率，反映了某种污染物是否存在于环境中或存在于环境中的广泛性。

（2）选择发达国家、国际组织和我国已公布的化学物质。发达国家、国际组织公布的化学物质包括公布的环境基准物质、环境标准中涵盖的物质以及优先污染物；此外，我国公布的化学物质除环境基准（质量标准）外，还包括我国污染物排放标准规定的物质。

（3）选择生态毒性和人体健康毒性效应较大的污染物。含污染物的急性毒性、慢性毒性和"三致"毒性。急性毒性考虑《全球化学品统一分类和标签制度》（Globally Harmonized System of Classification and Labelling of Chemicals，GHS）健康危害类别中的急性毒性（含经口、经皮和吸入）、皮肤腐蚀刺激、眼损伤/眼刺激和单次接触特异性靶器官毒性。慢性毒性效应包括：致癌性、生殖毒性和其他慢性毒性（反复接触特异性靶器官毒性、呼吸道或皮肤致敏）。

（4）优先考虑暴露人群多的污染物。对人群影响数量大的污染物重点考虑，人群经消化道、呼吸道或皮肤接触途径高暴露等特点。

（5）选择国内具备一定监测基础的污染物。基础条件包括具有采样、分析方法，可获得标准物质，具备分析仪器等。对于条件已经具备或在短期内可以具备的，可加以考虑。

（6）分期分批建立基准污染物清单。污染源的排放能否得到控制受到治理技术、经济力量与管理法规等多方面的制约和影响，因此，在制定有限污染物名单时，应考虑现实条件，分期分批进行，逐步实施。

4.3 技术路线

环境介质中基准污染物的筛选可分为初始污染物候选名单的确定、污染物候选名单的确定和最终污染物清单的确定三个步骤，筛查的技术路线见图 4-1 所示。

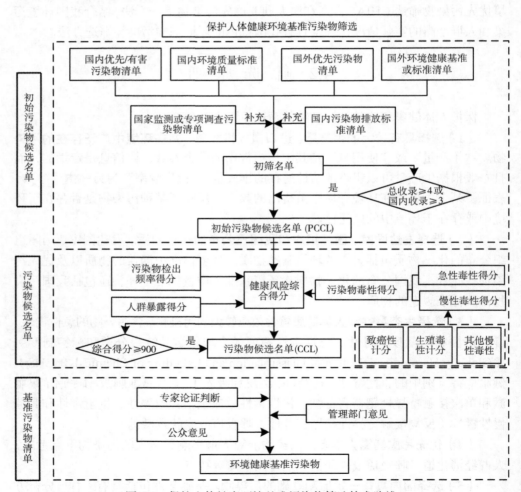

图 4-1 保护人体健康环境基准污染物筛选技术路线

4.4 初始污染物候选名单

初始污染物候选名单的确定基于清单的方法（list-based approach），结合污染物在国内外优先/有毒污染物清单、国内外环境质量标准或基准清单等的收录情况，将污染物总收录次数≥4 或国内收录次数≥3 纳入初始污染物候选名单（PCCL）。

4.4.1 初筛名单选择

初筛名单主要选取国外优先污染物清单、国外环境健康基准或标准清单、国内优先/有毒污染物清单、国内环境质量标准清单和国内污染物排放标准 5 个类型的清单。考虑到我国尚无土壤环境污染物的排放标准，因此选用国家监测或专项调查污染物清单作为土壤环境初筛名单的补充。对于各类清单中收录的污染物，仅保留化学物质型的污染物，对于 pH、色度等指标不予考虑。

4.4.2 初始污染物候选名单确定

初始污染物候选名单的确定：选取总收录次数≥4 或国内收录次数≥3 的污染物。为使候选污染物清单能体现中国本土化特点，5 个清单类型中选取总收录次数≥4 或国内收录次数≥3 的纳入初始污染物候选名单。总收录次数≥4 的选取方法，可保证国外优先污染物清单和环境基准或标准清单中至少有一类，同时国内清单中至少包含两类；国内收录次数≥3 的方法是为了补充未达到总收录次数≥4 的污染物但在国内优先/有毒污染物清单、国内环境质量标准清单和国内污染物排放标准 3 个清单类型中有收录的情况，以免遗漏国内高关注的污染物。

4.5 污染物候选名单

污染物候选名单的确定基于半定量的方法。总体思路参考美国 Superfund 的优先排序方法，在指标具体赋值方法上主要参考了澳大利亚 TAP 和欧盟水环境中污染物筛选的 COMMPS 方案。选择污染物检出频率、污染物毒性和人群暴露 3 个参数作为筛选指标。参数各自的最高得分为 600 分，三者之和即为该污染物的总分，按分值高低排序形成污染物候选名单。

4.5.1 污染物检出频率得分

通过调研近 5 年国内外公开发表文献或专项调查数据中该污染物在中国区域的分布状况获得污染物检出情况。若某污染物在某一流域或区域有检出，则认为该污染物有检出。例如某污染物在太湖流域某段面水体被检出，则认为该污染物在太湖流域的水环境中有检出。以所有污染物中检出次数最大值作为参考，计算污染物的检出频率得分见式（4-1）：

$$污染物检出频率得分 = \frac{该污染物的检出次数}{所有污染物的最大检出次数} \times 600 \quad (4\text{-}1)$$

该步骤主要参考美国 Superfund 优先排序方法中污染物检出频率得分的计算。我国已构建了重点城市的空气监测网和地表水水质监测网。若某污染物在某监测点中被检出，则认为该污染物有检出。以所有污染物中检出次数最大值作为参考，计算污染物的检出频率得分。全国 113 个重点城市环境空气监测位点按区域划分为华东（江苏省、浙江省、安徽省、福建省、江西省、山东省、上海市等）、华南（广东省、广西壮族自治区、海南省等）、华北（河北省、山西省、北京市、天津市和内蒙古自治区的部分地区等）、华中（湖北省、湖南省和河南省等）、东北（辽宁省、吉林省、黑龙江省和内蒙古自治区东部等）、西南（四川省、云南省、贵州省、重庆市、西藏自治区的大部和陕西省南部等）、西北（宁夏回族自治区、新疆维吾尔自治区及青海、陕西、甘肃三省之地等）7 个区。全国 100 个地表水水质自动监测站分布在 25 个省（自治区、直辖市），包括 83 个河流，17 个湖库；国界河流或出入国境断面 6 个，省界断面 37 个，入海口 5 个，其他 52 个。对于土壤环境中污染物的检出情况，可参考中国土壤数据库 11 种土壤类型 21 个监测点的数据。

4.5.2 污染物毒性得分

污染物毒性主要考虑污染物对人群的健康毒性。计算方法参考澳大利亚 TAP 筛选方法中人体健康效应计分中毒性计分方法。采用《全球化学品统一分类和标签制度》（GHS）中 10 个健康危害类别，将其分成急性毒性效应和慢性毒性效应。急性毒性考虑 GHS 健康危害类别中的急性毒性（含经口、经皮和吸入）、皮肤腐蚀刺激、眼损伤/眼刺激和单次接触特异性靶器官毒性。慢性毒性效应包括致癌性、生殖毒性和其他慢性毒性（反复接触特异性靶器官毒性），根据其风险等级的高、中、低和零分别计 3 分（强毒性）、2 分（毒性）、1 分（有害）和 0 分。对于数据不充分的情形采用预警式赋值（赋值为 1 而不是 0），只有确实存在可靠证据证明效应可忽略时才赋值 0。具体评分原则见表 4-1 至表 4-4。

最终的污染物毒性效应得分计算为 3 步：

$$慢性毒性得分 = \frac{致癌性计分 + 生殖毒性计分 + 其他慢性毒性计分}{3} \quad （4\text{-}2）$$

$$污染物毒性得分 = \frac{慢性毒性计分 + 急性毒性计分}{2} \quad （4\text{-}3）$$

$$毒性效应得分 = \frac{该污染物毒性得分}{污染物毒性得分最高值} \times 600 \quad （4\text{-}4）$$

表 4-1　急性毒性计分原则

文字描述	积分	对应指标/标准
高（强毒性）	3	风险等级
		H300（类 1、2）：吞咽致命
		H310（类 1、2）：接触皮肤致命
		H330（类 1、2）：吸入致命（气体、蒸汽、粉尘、烟雾）
		H304（类 1）：吞咽、吸入气管可能致命
中（毒性）	2	风险等级
		H301（类 3）：吞咽会中毒
		H311（类 3）：接触皮肤会中毒
		H331（类 3）：吸入会中毒（气体、蒸汽、粉尘、烟雾）
		H314（类 1A、1B、1C）：严重灼伤皮肤、损伤眼睛
		H318（类 1）：造成眼的严重损伤
		H370（类 1）：单次接触造成气管的损害
低（有害）	1	风险等级
		H302、H303（类 4、5）：吞咽有害
		H312、H313（类 4、5）：接触皮肤有害
		H332、H333（类 4、5）：吸入有害（气体、蒸汽、粉尘、烟雾）
		H305（类 2）：吞咽、吸入气管可能有毒害
		H315、H316（类 2、3）：对皮肤有刺激
		H319、H320（类 2A、2B）：对眼有刺激
		H371（类 2）：单次接触可能造成气管的损害
		H335、H336（类 3）：单次接触可能造成对呼吸器官的刺激、可能引起嗜睡或头晕
零	0	证据显示急性毒性可忽略
		未分风险等级和无证据或半数致死量 $LD_{50} > 5000$

表 4-2　致癌计分原则

文字描述	积分	对应指标/标准
高（强毒性）	3	风险等级
		IARC 类别 1
		USEPA 类别 A
		H350（类 1A）：可能导致癌症——有充分证据表明人体暴露和癌症发病存在因果关系
		H340（类 1A）：可能导致遗传性疾病——有充分证据表明导致遗传性疾病
中（毒性）	2	风险等级
		IARC 类别 2A、2B
		USEPA 类别 B1、B2
		H350（类 1B）：可能导致癌症——被认为导致癌症
		H340（类 1B）：可能导致遗传性疾病——被认为导致遗传性疾病
低（有害）	1	风险等级
		IARC 类别 3
		USEPA 类别 C
		H351（类 2）：怀疑有可能致癌
		H341（类 2）：怀疑有可能导致遗传性疾病
零	0	IARC 类别 4
		USEPA 类别 D、E
		充分证据显示可行动物测试的可忽略效应

表 4-3　生殖毒性计分原则

文字描述	积分	对应指标/标准
高（强毒性）	3	风险等级
		H360（类 1A）：有充分证据表明可能影响生殖能力或对胎儿有损害
		H362：对哺乳期的婴儿造成伤害
中（毒性）	2	风险等级
		H360（类 1B）：被认为可能影响生殖能力或对胎儿有损害
低（有害）	1	风险等级
		H361：怀疑影响生殖能力或对胎儿有损害
零	0	有或极有可能存在无生殖毒性的证据

表 4-4 其他慢性毒性计分原则

文字描述	积分	对应指标/标准
高（强毒性）	3	风险等级
		H372（类 1）：由于长期或反复接触引起的器官损害
		默认值：
		有人体和（或）两种动物慢性健康效应的充分证据
		有人体或动物发育毒性的足够证据
		有人体和（或）两种动物神经毒性的充分证据
		USEPA 1~5 类可遗传变异
中（毒性）	2	风险等级
		H373（类 2）：由于长期或反复接触引起的器官损害
		H334（类 1、1A、1B）：吸入后可能引起过敏、哮喘、呼吸困难
		H317（类 1、1A、1B）：可能引起皮肤过敏
		默认值：
		有人体和（或）两种动物慢性健康效应的证据
		无充足证据，但有数据显示可能存在发育毒性效应
		有神经毒性效应的证据
低（有害）	1	有限或无证据证明可忽略毒性效应
零	0	有对人体或动物无发育毒性的充分证据
		有足够证据显示可忽略毒性效应

4.5.3 人群暴露得分

该步骤的计算采用美国 Superfund 优先排序方法，并进行归一化处理。考虑到有阈值和无阈值化合物的健康风险评价是建立在污染物对人体暴露剂量（average daily dose，ADD）准确评价的基础上，因此人群暴露得分计算以污染物的人体暴露剂量的最大值（ADD_{max}）为参考，计算方法采用《环境污染物人群暴露评估技术指南》（HJ 875）。不同环境介质污染物暴露的人体暴露剂量的计算见式（4-6）至式（4-12）。对于水环境，主要考虑污染物经消化道摄入途径（饮水和水产品摄入途径）；对于大气环境，主要考虑经呼吸道吸入途径；对于土壤环境，考虑经消化道、呼吸和皮肤接触三个途径。考虑到无机污染物和有机污染物在环境中的浓度水平差距较大（一般情况下有机污染物浓度较低），因此参考欧盟水环境污染物筛选的 COMMPS 方案，将无机污染物和有机污染物分为两类分别计算。

$$EFS_h = \frac{ADD_i}{ADD_{max}} \times 600 \qquad (4\text{-}5)$$

式中：EFS_h——污染物人群暴露得分；

　　　ADD_i——污染物 i 的人体暴露剂量；

　　　ADD_{max}——所有污染物中人体暴露剂量的最大值。

　　水环境污染物暴露的途径主要考虑：饮水和水产品摄入途径。暴露剂量的计算式（4-6）：

$$ADD = \frac{C_w \times IR_w \times EF \times ED}{BW \times AT} + \frac{C_{biota} \times IR_{biota} \times EF \times ED}{BW \times AT} \qquad (4\text{-}6)$$

式中：C_w，C_{biota}——检出水体和水产品中污染物浓度（μg/L，μg/g）；

　　　IR_w，IR_{biota}——日均饮水率（L/d）和水产品摄入量（g/d）；

　　　EF——暴露频率（d/a）；

　　　ED——暴露持续年数（a）；

　　　BW——体重（kg）；

　　　AT——平均终身暴露时间（d）。

　　为了更好保护儿童这一敏感人群，暴露参数选取时优先考虑 2013 年环境保护部发布的《中国人群暴露参数手册（儿童卷）》中的相关数据。

　　在土壤环境污染物暴露的途径主要考虑三种：经口、经呼吸以及皮肤接触途径，暴露剂量计算式：

$$ADD = \frac{IR_{oral} \times EF_{oral} \times ED_{oral}}{BW \times AT} + \frac{IR_{inh} \times EF_{inh} \times ED_{inh}}{BW \times AT} + \frac{IR_{dermal} \times EF_{dermal} \times ED_{dermal}}{BW \times AT}$$

$$(4\text{-}7)$$

$$IR_{oral} = C_{soil} \times SDR \qquad (4\text{-}8)$$

$$IR_{inh} = C_{soil} \times EF \times R_V \qquad (4\text{-}9)$$

$$IR_{dermal} = AAD \times A_{skin} \qquad (4\text{-}10)$$

$$AAD = SSAR_c \times E_v \times ABS_d \qquad (4\text{-}11)$$

式中：IR——暴露速率，即日均摄入量（mg/d）；

　　　EF——暴露频率（d/a）；

　　　ED——暴露持续年数（a）；

　　　BW——体重（kg）；

　　　AT——平均终身暴露时间（d）；

inh、oral、dermal——经呼吸、经口、经皮肤暴露；

SDR——土壤/尘日均摄入率（g/d）；

C_{soil}——土壤/尘中污染物浓度（mg/kg）；

SDR——土壤/尘日均摄入率（g/d）；

R_V——日均空气呼吸量（m³/d）；

AAD——单位皮肤面积污染物日平均吸附量；

A_{skin}——暴露的皮肤面积（cm²）；

$SSAR_c$——儿童皮肤表面土壤黏附系数，mg/cm²；

E_V——每日皮肤接触事件频率；

ABS_d——皮肤对污染物的吸收因子，无量纲。

大气环境污染物暴露途径主要考虑呼吸途径，暴露剂量计算式（4-12）：

$$ADD_{inh} = \frac{C \times IR \times ET \times EF \times ED}{BW \times AT} \qquad （4-12）$$

式中：C——空气中污染物浓度（mg/m³）；

IR——日均空气呼吸量（m³/h）；

ET——暴露时间（h/d）；

EF——暴露频率（d/a）；

ED——暴露持续年数（a）；

BW——体重（kg）；

AT——平均终身暴露时间（d）。

4.5.4　健康风险综合得分

污染物检出频率得分、污染物毒性效应得分以及人群暴露得分之和即为污染物健康风险综合得分[式（4-13）]。比较美国 Superfund 的优先排序方法和澳大利亚优先污染物筛选方案，可以看出前者采用检出频率得分、毒性效应与暴露效应三者得分之和，后者则选用人体健康效应与环境效应，采用两者得分相加后与暴露得分相乘的方式。本章在基本框架上主要考虑了美国 Superfund 的优先排序方法，采用求和的方式确定健康风险综合得分。

$$PNEC = DFS + EFS_t + EFS_h \qquad （4-13）$$

4.5.5　污染物候选名单

根据污染物的健康风险综合得分结果从高到低依次排序，最终选取

PNEC≥900 纳入污染物候选名单。

4.6　环境基准污染物清单

环境基准污染物清单的确定是综合考虑专家评判、管理部门意见和公众意见基础上得出的。

第 5 章　保护人体健康的水环境基准污染物筛选

科学识别水环境的污染特征，明确水环境的特征污染物清单，是开展水环境健康风险管理的基础。集中有限的资源对水环境污染物进行优先排序和治理，已成为一种有效的环境管理策略。筛选出我国保护人体健康的水环境基准污染物清单，可为有针对性地制定这些污染物的水质基准阈值奠定基础。

5.1　水环境基准污染物筛选技术与方法

保护人体健康水质基准污染物的筛选采取定性与半定量相结合的综合评分方法，分为初始污染物候选名单的确定、污染物候选名单的确定和最终基准污染物清单的确定三个步骤。首先基于清单方法形成初始污染物候选名单（PCCL）；然后选取污染物检出频率、污染物毒性和人群暴露 3 个参数作为筛选指标，分别赋值后计算健康风险综合得分，按分值高低排序形成污染物候选名单（CCL），通过专家论证、征求管理部门和公众意见后形成环境健康基准污染物名单。具体筛选的工作程序见图 5-1。

5.2　水环境初始污染物候选名单

初始污染物候选名单的确定基于清单的方法（list-based approach）。根据污染物在国内外水环境优先/有毒污染物清单、国内外水环境质量标准或基准清单等的收录情况，将污染物收录次数≥4 或国内收录次数≥3 的污染物纳入初始污染物候选名单。

5.2.1　水环境污染物清单选择

初筛清单的选择主要以国内水环境优先/有毒污染物清单、国内水环境质量标准清单、国外优先/有毒污染物清单和国外水环境健康基准或标准清单为主。另外选取国内水环境污染物排放标准清单、国家水环境监测和专项调查污染物清单作为补充。

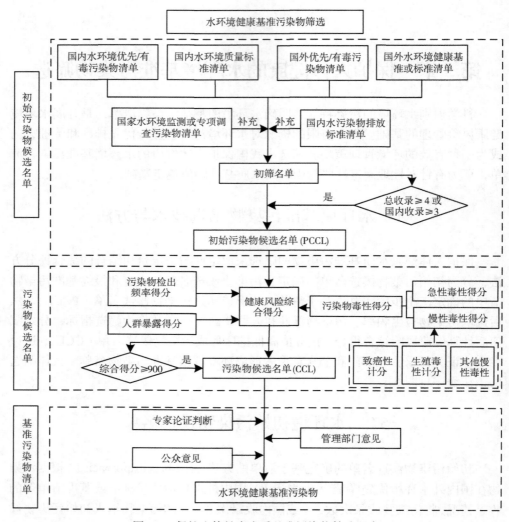

图 5-1　保护人体健康水质基准污染物筛选程序

1）国内水环境优先/有毒污染物清单

选择清单 7 项，包括：我国 68 种水环境优先控制污染物黑名单，中国推荐的水环境优先有机污染物名单，国家污染物环境健康风险名录（化学第一分册），国家污染物环境健康风险名录（化学第二分册），太湖、辽河、松花江和东江流域特征污染物，福建省水环境优先污染物和天津市水环境优先污染物。污染物合计 236 种。

2）国内水环境质量标准清单

选择有关清单 10 项，包括：地表水环境质量标准（GB 3838—2002），地下水质量标准（GB/T 14848—93），地下水水质标准（DZ/T 0290—2015），农田灌溉水质标准（GB 5084—2005），海水水质标准（GB 3097—1997），渔业水质标准（GB 11607—1989），生活饮用水卫生标准（GB 5749—2006），生活饮用水水源水质标准（CJ 3020—93），游泳场所卫生标准（GB 9667—1996）和饮用净水水质标准（CJ 94—2005）。污染物合计 116 种。

　　3）国外优先/有毒污染物清单

　　选择有关清单 7 项，包括：美国 126 种优先控制污染物黑名单，美国饮用水备选污染物清单，美国超级基金修正案国家优先污染物名单，欧盟 2455/2001/EC 决议确定的 48 种水环境优先有害物质名单，加拿大第一、二期优先物质名单，澳大利亚 89 种环境优先污染物名单和日本特定物质名单 I 和 II。污染物合计 208 种。

　　4）国外水环境健康基准或标准清单

　　选择有关清单 8 项，包括：美国环境保护局《国家推荐水质基准》和《饮用水水质标准》，WHO《饮用水水质准则》，欧盟《饮用水水质指令》，加拿大《饮用水水质指导》，澳大利亚《饮用水水质标准》，日本《生活饮用水水质标准》和日本保护人体健康的水质基准。污染物合计 411 种。

　　5）补充清单

　　选择 35 项水环境污染物排放标准清单作为补充清单，具体见表 5-1。污染物合计 149 种。

表 5-1　水环境污染物排放标准

序号	排放标准
1	城镇污水处理厂污染物排放标准（GB 18918—2002）
2	污水综合排放标准（GB 8978—1996）
3	再生铜、铝、铅、锌工业污染物排放标准（GB 31574—2015）
4	无机化学工业污染物排放标准（GB 31573—2015）
5	合成树脂工业污染物排放标准（GB 31572—2015）
6	石油化学工业污染物排放标准（GB 31571—2015）
7	石油炼制工业污染物排放标准（GB 31570—2015）
8	锡、锑、汞工业污染物排放标准（GB 30770—2014）
9	合成氨工业水污染物排放标准（GB 13458—2013）
10	电池工业污染物排放标准（GB 30484—2013）
11	制革及毛皮加工工业水污染物排放标准（GB 30486—2013）
12	煤焦化学工业污染物排放标准（GB 16171—2012）
13	铁合金工业污染物排放标准（GB 28666—2012）
14	铁矿采选工业污染物排放标准（GB 28661—2012）

序号	排放标准
15	弹药装药行业水污染物排放标准（GB 14470.3—2011）
16	磷肥工业水污染物排放标准（GB 15580—2011）
17	稀土工业污染物排放标准（GB 26451—2011）
18	钒工业污染物排放标准（GB 26452—2011）
19	油墨工业水污染物排放标准（GB 25463—2010）
20	硫酸工业污染物排放标准（GB 26132—2010）
21	铅、锌工业污染物排放标准（GB 25466—2010）
22	铜、镍、钴工业污染物排放标准（GB 25467—2010）
23	镁、钛工业污染物排放标准（GB 25468—2010）
24	陶瓷工业污染物排放标准（GB 25464—2010）
25	电镀污染物排放标准（GB 21900—2008）
26	化学合成类制药工业水污染物排放标准（GB 21904—2008）
27	杂环类农药工业水污染物排放标准（GB 21523—2008）
28	发酵类制药工业水污染物排放标准（GB 21903—2008）
29	制浆造纸工业水污染物排放标准（GB 3544—2008）
30	合成革与人造革工业污染物排放标准（GB 21902—2008）
31	生物工程类制药工业水污染物排放标准（GB 21907—2008）
32	中药类制药工业水污染物排放标准（GB 21906—2008）
33	煤炭工业污染物排放标准（GB 20426—2006）
34	医疗机构水污染物排放标准（GB 18466—2005）
35	船舶工业污染物排放标准（GB 4286—84）

5.2.2　水环境初始污染物候选名单确定

通过分析污染物在国内外水质基准和标准清单以及优控污染物清单中的收录情况，获得收录污染物合计 721 种。选取总收录次数≥4 或国内收录次数≥3 的污染物纳入初始污染物候选名单，共 77 种。初始污染物候选名单见表 5-2。

5.3　水环境污染物候选名单

水环境污染物候选名单的确定是基于半定量的方法，选用污染物检出频率、污染物毒性和人群暴露 3 个参数作为筛选指标。各参数最高得分为 600 分，三者之和即为该污染物的总分，按分值高低排序确定水环境污染物候选名单。

5.3.1　水体污染物检出频率得分

通过汇总分析国内水专项调查、监测数据和近 5 年国内外公开发表文献中污染物在中国主要江、河以及湖泊中的检出状况来明确水环境中污染物检出情况。选取国家地表水 100 个水质自动监测站的监测断面，分布在 25 个省/自治区/直辖市，83 个河流，17 个湖库。水环境中 77 种初始候选污染物的检出频率得分情况见表 5-3。

$$污染物检出频率得分 = \frac{该污染物的检出次数}{所有污染物的最大检出次数} \times 600 \qquad (5\text{-}1)$$

5.3.2　水体污染物毒性得分

污染物的毒性主要考虑污染物对人群的健康毒性，分成急性毒性效应和慢性毒性效应。急性毒性考虑 GHS 健康危害类别中的急性毒性（含口服、吸入和皮肤）、皮肤腐蚀刺激、严重眼损伤/眼刺激和单次接触特异性靶器官毒性。慢性毒性效应包括致癌性、生殖毒性和其他慢性毒性（反复接触特异性靶器官毒性）。

污染物毒性类别的分级主要参考欧洲化学品管理局（European Chemicals Agency，ECHA）、美国环境保护局的综合风险信息系统（IRIS）、国际癌症研究机构（International Agency for Research on Cancer，IARC）和化学物质毒性数据库（Chemical Toxicity Database，http://www.drugfuture.com/toxic/search.aspx）。根据其风险等级的高、中、低和零分别计 3 分（强毒性）、2 分（毒性）、1 分（有害）和 0 分。

最终的污染物毒性效应得分分 3 步计算：

$$慢性毒性得分 = \frac{致癌性计分 + 生殖毒性计分 + 其他慢性毒性计分}{3} \qquad (5\text{-}2)$$

$$污染物毒性得分 = \frac{急性毒性得分 + 慢性毒性得分}{2} \qquad (5\text{-}3)$$

$$毒性效应得分 = \frac{该污染物毒性得分}{污染物毒性得分最高值} \times 600 \qquad (5\text{-}4)$$

表5-2 初始污染物候选名单

序号	CAS编号	英文名称	污染物	中国水环境排放标准	中国水环境质量标准	中国水环境优控/有毒污染物	国外优控清单	国外基准清单	国外收录	中国收录	总收录
1	98-82-8	Cumene	异丙苯	√	√	√	√	√	2	3	5
2	75-07-0	Acetaldehyde	乙醛	√	√	√	√	√	2	3	5
3	100-41-4	Ethylenzene	乙苯	√	√	√	√	√	2	3	5
4	124-48-1	Chlorodibromomethane	一氯二溴甲烷	√	√	√	√	√	2	3	5
5	98-95-3	Nitrobenzene	硝基苯	√	√	√	√	√	2	3	5
6	87-86-5	Pentachlorophenol	五氯酚	√	√	√	√	√	2	3	5
7	7440-50-8	Copper	铜	√	√	√	√	√	2	3	5
8	118-96-7	2,4,6-Trinitrotoluene	梯恩梯,2,4,6-三硝基甲苯	√	√	√	√	√	2	3	5
9	127-18-4	Tetrachloroethylene	四氯乙烯	√	√	√	√	√	2	3	5
10	56-23-5	Carbon tetrachloride	四氯化碳	√	√	√	√	√	2	3	5
11	7440-38-2	Arsenic	砷	√	√	√	√	√	2	3	5
12	75-25-2	Bromide	三溴甲烷	√	√	√	√	√	2	3	5
13	79-01-6	Trichlorethylene	三氯乙烯	√	√	√	√	√	2	3	5
14	67-66-3	Chloroform	三氯甲烷	√	√	√	√	√	2	3	5
15	120-82-1	1,2,4-Trichlorobenzene	三氯苯	√	√	√	√	√	2	3	5
16	—	Cyanide,Quant test strips	氰化物	√	√	√	√	√	2	3	5
17	7439-92-1	Lead	铅	√	√	√	√	√	2	3	5

续表

序号	CAS 编号	英文名称	污染物	中国水环境排放标准	中国水环境质量标准	中国水环境优控/有毒污染物	国外优控清单	国外基准清单	国外收录	中国收录	总收录
18	7440-41-7	Beryllium	铍	√	√	√	√	√	2	3	5
19	7440-02-0	Nickel	镍	√	√	√	√	√	2	3	5
20	75-01-4	Chloroethylene	氯乙烯	√	√	√	√	√	2	3	5
21	108-90-7	Chlorobenzene	氯苯	√	√	√	√	√	2	3	5
22	95-50-1	1,2-Dichlorobenzene	邻二氯苯	√	√	√	√	√	2	3	5
23	—	Phthalate acid esters,PAEs	邻苯二甲酸酯	√	√	√	√	√	2	3	5
	131-11-3	Dimethyl phthalate	邻苯二甲酸二甲酯	√		√	√	√	2	2	4
	84-66-2	Diethyl phthalate	邻苯二甲酸二乙酯	√		√	√	√	2	2	4
	84-74-2	Dibutyl phthalate(dibutyl phthalate)	邻苯二甲酸二丁酯	√	√	√	√	√	2	3	5
	117-81-7	Bis(2-ethylhexyl) phthalate	邻苯二甲酸二辛酯	√	√	√	√	√	2	3	5
24	60-51-5	Dimethoate	乐果	√	√	√	√	√	2	3	5
25	50-00-0	Formaldehyde	甲醛	√	√	√	√	√	2	3	5
26	108-88-3	Toluene	甲苯	√	√	√	√	√	2	3	5
27	7439-97-6	Mercury	汞	√	√	√	√	√	2	3	5
28	7440-47-3	Chromium	铬	√	√	√	√	√	2	3	5
29	7440-43-9	Cadmium	镉	√	√	√	√	√	2	3	5
30	75-27-4	Bromodichloromethane	二氯一溴甲烷	√	√	√	√	√	2	3	5
31	75-09-2	Dichloromethane	二氯甲烷	√	√	√	√	√	2	3	5

续表

序号	CAS 编号	英文名称	污染物	中国水环境排放标准	中国水环境质量标准	中国水环境优控/有毒污染物	国外优控清单	国外基准清单	国外收录	中国收录	总收录
32	—	Polychlorinated biphenyls, PCBs	多氯联苯	✓	✓	✓	✓	✓	2	3	5
	12674-11-2	Aroclor 1016	多氯联苯 1016	✓	✓	✓	✓	✓	2	3	5
	11104-28-2	Aroclor 1221	多氯联苯 1221	✓	✓	✓	✓	✓	2	3	5
	11141-16-5	Aroclor 1232	多氯联苯 1232	✓	✓	✓	✓	✓	2	3	5
	53469-21-9	Aroclor 1242	多氯联苯 1242	✓	✓	✓	✓	✓	2	3	5
	12672-29-6	Aroclor 1248	多氯联苯 1248	✓	✓	✓	✓	✓	2	3	5
	11097-69-1	Aroclor 1254	多氯联苯 1254	✓	✓	✓	✓	✓	2	3	5
	11096-82-5	Aroclor 1260	多氯联苯 1260	✓	✓	✓	✓	✓	2	3	5
33	56-38-2	Parathion	对硫磷	✓	✓	✓	✓	✓	2	3	5
34	62-73-7	Dichlorvos	敌敌畏	✓	✓	✓	✓	✓	2	3	5
35	107-02-8	Acrolein	丙烯醛	✓	✓	✓	✓	✓	2	3	5
36	107-13-1	Acrylonitrile	丙烯腈	✓	✓	✓	✓	✓	2	3	5
37	100-42-5	Styrene	苯乙烯	✓	✓	✓	✓	✓	2	3	5
38	—	Polycyclic aromatic hydrocarbons, PAHs	多环芳烃	✓		✓	✓	✓	2	2	4
	91-20-3	Naphthalene	萘	✓		✓	✓	✓	2	2	4
	83-32-9	Acenaphthene	苊	✓		✓	✓	✓	2	2	4
	1985/1/8	Phenanthrene	菲	✓		✓	✓	✓	2	2	4

续表

序号	CAS 编号	英文名称	污染物	中国水环境排放标准	中国水环境质量标准	中国水环境优控有毒污染物	国外优控清单	国外基准清单	国外收录	中国收录	总收录
38	120-12-7	Anthracene	蒽	✓		✓	✓	✓	2	2	4
	206-44-0	Fluoranthene	荧蒽	✓		✓	✓	✓	2	2	4
	129-00-0	Pyrene	芘	✓		✓	✓	✓	2	2	4
	218-01-9	Chrysene	䓛	✓		✓	✓	✓	2	2	4
	205-99-2	Benzo [b] fluoranthene	苯并[b]荧蒽	✓		✓	✓	✓	2	2	4
	207-08-9	Benzo [k] fluoranthene	苯并[k]荧蒽	✓		✓	✓	✓	2	2	4
	50-32-8	Benzo[a]pyrene	苯并[a]芘	✓	✓	✓	✓	✓	2	3	5
	193-39-5	Indeno [1,2,3-cd] pyrene	茚并[1,2,3-cd]芘	✓		✓	✓	✓	2	2	4
	191-24-2	Benzo[g,h,i]perylene	苯并[g,h,i]苝	✓		✓	✓	✓	2	2	4
39	62-53-3	Aniline	苯胺	✓	✓	✓	✓	✓	2	3	5
40	71-43-2	Benzene	苯	✓	✓	✓	✓	✓	2	3	5
41	1912-24-9	Atrazine	阿特拉津,莠去津	✓	✓	✓	✓	✓	2	3	5
42	120-83-2	2,4-Dichlorophenol	2,4-二氯酚	✓	✓	✓	✓	✓	2	3	5
43	94-75-7	2,4-D	2,4-滴;2,4-二氯苯氧乙酸	✓	✓	✓	✓	✓	2	3	5
44	88-06-2	2,4,6-Trichlorophenol	2,4,6-三氯苯酚	✓	✓	✓	✓	✓	2	3	5
45	106-46-7	1,4-Dichlorobenzene	1,4-二氯苯	✓	✓	✓	✓	✓	2	3	5
46	107-06-2	1,2-Dichloroethane	1,2-二氯乙烷	✓	✓	✓	✓	✓	2	3	5
47	71-55-6	1,1,1-Trichloroethane	1,1,1-三氯乙烷	✓	✓	✓	✓	✓	2	3	5

续表

序号	CAS编号	英文名称	污染物	中国水环境排放标准	中国水环境质量标准	中国水环境优控/有毒污染物	国外优控清单	国外基准清单	国外收录	中国收录	总收录
48	75-05-8	Acetonitrile	乙腈	✓	✓	✓	✓		1	3	4
49	7440-28-0	Thallium	铊	✓	✓	✓		✓	1	3	4
50	121-75-5	Malathion	马拉硫磷	✓	✓	✓		✓	1	3	4
51	52-68-6	Chlorophos	敌百虫	✓	✓	✓		✓	1	3	4
52	75-35-4	1,1-Dichloroethylene	1,1-二氯乙烯	✓	✓	✓		✓	1	3	4
53	7440-22-4	Silver	银	✓	✓		✓	✓	2	2	4
54	7440-66-6	Zinc	锌	✓	✓		✓	✓	2	2	4
55	7782-49-2	Selenium	硒	✓	✓		✓	✓	2	2	4
56	7440-36-0	Antimony	锑	✓	✓		✓	✓	2	2	4
57	76-44-8	Heptachlor	七氯	✓	✓	✓		✓	2	2	4
58	7439-98-7	Molybdenum	钼	✓	✓		✓	✓	2	2	4
59	7439-96-5	Manganese	锰	✓	✓		✓	✓	2	2	4
60	87-68-3	Hexachlorobuta-1,3-diene	六氯丁二烯	✓	✓		✓	✓	2	2	4
61	—	Hexachlorocyclohexane, Lindane	六六六	✓	✓	✓	✓	✓	2	2	4
	319-84-6	α-BHC	α-六六六								
	319-85-7	β-BHC	β-六六六								
	58-89-9	γ-BHC	γ-六六六,林丹								
	319-86-8	δ-BHC	δ-六六六								

续表

序号	CAS 编号	英文名称	污染物	中国水环境排放标准	中国水环境质量标准	中国水环境优控有毒污染物	国外优控清单	国外基准清单	国外收录	中国收录	总收录
62	—	Chromium VI	六价铬	√	√		√	√	2	2	4
63	302-01-2	Hydrazine	肼	√		√	√	√	2	2	4
64	63-25-2	Carbaryl	甲萘威,西维因		√	√	√	√	2	2	4
65	—	Fluoride	氟化物	√	√		√	√	2	2	4
66	1330-20-7	Xylene	二甲苯	√	√		√	√	2	2	4
67	—	Dioxins	二噁英类			√	√	√	2	2	4
68	2921-88-2	Chlorpyrifos	毒死蜱	√		√		√	2	2	4
69	—	DDT,2,3'-Dideoxythymidine	滴滴涕		√	√		√	2	2	4
	53-19-0	o,p'-DDD	滴滴滴								
	3424-82-6	o,p'-DDE	滴滴伊								
	789-02-6	o,p'-DDT	滴滴涕								
	72-54-8	p,p'-DDD	滴滴滴								
	72-55-9	p,p'-DDE	滴滴伊								
	50-29-3	p,p'-DDT	滴滴涕								
70	79-06-1	Acrylamide	丙烯酰胺	√	√		√	√	2	2	4
71	108-95-2	Phenol	苯酚	√		√	√	√	2	2	4
72	7440-39-3	Barium,Ba	钡	√	√		√	√	2	2	4
73	121-14-2	2,4-Dinitrotoluene	2,4-二硝基甲苯		√	√	√	√	2	2	4

续表

序号	CAS编号	英文名称	污染物	中国水环境排放标准	中国水环境质量标准	中国水环境优控有毒污染物	国外优控清单	国外基准清单	国外收录	中国收录	总收录
74	131-52-2	Sodium pentachlorophenolate	五氯酚钠	√	√				0	3	3
75	78-00-2	Tetraethyllead	四乙基铅	√	√	√			0	3	3
76	298-00-0	Parathion-methyl	甲基对硫磷	√	√	√			0	3	3
77	97-00-7	2,4-Dinitrochlorobenzene	2,4-二硝基氯苯	√	√	√			0	3	3

表 5-3 初始候选污染物环境检出频率得分情况

序号	中文名	英文名	CAS编号	松花江	辽河	海河	淮河	黄河	长江	珠江	钱塘江	闽江	西南诸河	太湖	巢湖	滇池	检出合计	污染物检出频率得分
1	铜	Copper	7440-50-8	6	6	7	17	9	16	8	0	1	1	6	2	2	81	523
2	砷	Arsenic	7440-38-2	5	5	7	22	9	18	8	0	1	2	5	0	0	82	529
3	铅	Lead	7439-92-1	6	6	7	17	9	16	8	0	1	1	6	2	2	81	523
4	铍	Beryllium	7440-41-7	3	0	0	0	0	8	7	0	0	0	3	0	0	21	135
5	镍	Nickel	7440-02-0	6	6	7	18	8	15	8	0	1	2	6	0	0	77	497
6	汞	Mercury	7439-97-6	5	5	6	9	7	13	8	0	1	1	5	1	0	61	394
7	铬	Chromium	7440-47-3	7	5	7	17	9	18	7	0	1	2	7	2	2	84	542
8	镉	Cadmium	7440-43-9	6	5	7	14	8	13	8	0	1	1	6	2	2	73	471
9	铊	Thallium	7440-28-0	6	0	0	5	14	0	8	0	0	0	6	0	0	39	252

续表

序号	中文名	英文名	CAS 编号	松花江	辽河	海河	淮河	黄河	长江	珠江	钱塘江	闽江	西南诸河	大湖	巢湖	滇池	检出合计	污染物检出频率得分
10	银	Silver	7440-22-4	2	0	0	0	0	5	3	0	0	0	2	0	0	12	77
11	锌	Zinc	7440-66-6	5	6	7	16	9	15	8	0	1	1	5	0	2	75	484
12	硒	Selenium	7782-49-2	4	0	6	15	9	11	9	0	0	0	4	0	0	58	374
13	锑	Antimony	7440-36-0	7	2	3	7	0	17	6	0	0	0	7	0	0	49	316
14	钼	Molybdenum	7439-98-7	5	5	5	7	8	10	3	0	0	0	5	0	0	48	310
15	锰	Manganese	7439-96-5	7	6	7	23	9	17	8	0	1	1	7	0	0	86	555
16	六价铬	Chromium VI	18540-29-9	2	4	0	9	8	10	8	0	1	2	2	0	0	46	297
17	钡	Barium,Ba	7440-39-3	7	6	6	18	1	19	2	0	1	0	7	0	0	67	432
18	苯	Benzene	71-43-2	5	3	5	0	8	15	6	0	0	1	5	1	0	49	316
19	甲苯	Toluene	108-88-3	6	4	5	3	6	16	4	1	0	2	6	0	0	53	342
20	二甲苯	Xylene	1330-20-7	6	2	5	2	0	14	4	1	0	2	6	0	0	42	271
21	乙苯	Ethylenzene	100-41-4	5	2	5	2	4	14	3	1	0	1	5	0	0	42	271
22	异丙苯	Cumene	98-82-8	0	0	0	0	0	6	0	0	0	1	0	0	0	7	45
23	苯乙烯	Styrene	100-42-5	5	3	5	0	9	8	0	1	0	0	5	0	0	36	232
24	氯苯	Chlorobenzene	108-90-7	5	3	5	0	9	12	1	0	0	1	5	1	0	42	271
25	邻二氯苯	1,2-Dichlorobenzene	95-50-1	3	2	5	0	0	13	3	0	0	1	3	1	0	31	200
26	1,4-二氯苯	1,4-Dichlorobenzene	106-46-7	3	4	4	0	9	13	3	0	0	1	3	1	0	41	265
27	1,2,4-三氯苯	1,2,4-Trichlorobenzene	120-82-1	4	3	1	0	9	4	3	0	0	0	4	0	0	28	181

续表

序号	中文名	英文名	CAS 编号	松花江	辽河	海河	淮河	黄河	长江	珠江	钱塘江	闽江	西南诸河	太湖	巢湖	滇池	检出合计	污染物检出频率得分
28	硝基苯	Nitrobenzene	98-95-3	5	4	0	0	9	10	0	0	0	0	5	1	0	34	219
29	梯恩梯, 2,4,6-三硝基甲苯	2,4,6-Trinitrotoluene	118-96-7	0	0	0	0	0	5	0	0	0	0	0	0	0	5	32
30	2,4-二硝基甲苯	2,4-Dinitrotoluene	121-14-2	0	3	0	0	6	5	1	0	0	0	0	0	0	15	97
31	2,4-二硝基氯苯	2,4-Dinitrochlorobenzene	97-00-7	0	0	0	0	3	7	0	0	0	0	0	0	0	10	65
32	苯胺	Aniline	62-53-3	0	0	0	4	0	7	0	0	0	0	0	0	0	11	71
33	苯酚	Phenol	108-95-2	2	5	0	19	7	9	1	1	0	0	2	0	0	46	297
34	2,4-二氯酚	2,4-Dichlorophenol	120-83-2	6	4	0	15	0	8	1	1	0	0	6	2	0	42	271
35	2,4,6-三氯苯酚	2,4,6-Trichlorophenol	88-06-2	4	3	0	10	0	8	0	0	0	0	4	2	0	32	206
36	五氯酚	Pentachlorophenol	87-86-5	4	4	0	6	0	16	2	2	0	0	4	2	0	38	245
37	2,4-滴, 2,4-二氯苯氧乙酸	2,4-D	94-75-7	1	2	2	0	3	3	0	0	0	0	1	0	0	12	77
38	五氯酚钠	Sodium pentachlorophenolate	131-52-2	1	0	0	0	0	2	0	0	0	0	1	0	0	4	26
39	氯乙烯	Chloroethylene	75-01-4	2	3	0	0	0	3	0	0	0	0	2	0	0	10	65
40	三氯乙烯	Trichlorethylene	79-01-6	3	2	6	0	0	10	0	1	0	0	3	1	0	27	174
41	四氯乙烯	Tetrachloroethylene	127-18-4	3	3	7	0	0	10	2	1	0	0	3	1	0	32	206
42	1,1-二氯乙烯	1,1-Dichloroethylene	75-35-4	4	2	2	0	0	7	1	1	0	0	4	0	0	22	142
43	六氯丁二烯	Hexachlorobuta-1,3-diene	87-68-3	5	0	1	0	0	6	1	0	0	0	5	0	0	18	116
44	二氯甲烷	Dichloromethane	75-09-2	5	3	3	10	1	14	8	1	1	1	5	0	0	52	335

续表

序号	中文名	英文名	CAS 编号	松花江	辽河	海河	淮河	黄河	长江	珠江	钱塘江	闽江	西南诸河	太湖	巢湖	滇池	检出合计	污染物检出频率得分
45	三氯甲烷	Chloroform	67-66-3	6	5	6	12	5	16	8	1	1	1	6	0	0	67	432
46	1,2-二氯乙烷	1,2-Dichloroethane	107-06-2	5	4	7	1	1	13	3	1	0	1	5	0	0	41	265
47	1,1,1-三氯乙烷	1,1,1-Trichloroethane	71-55-6	2	1	5	3	1	9	7	0	0	1	2	0	0	31	200
48	三溴甲烷	Bromide	75-25-2	3	2	6	0	1	8	6	0	0	0	3	0	0	29	187
49	一氯二溴甲烷	Chlorodibromomethane	124-48-1	6	2	7	0	3	8	7	0	0	1	6	0	0	40	258
50	二氯一溴甲烷	Bromodichloromethane	75-27-4	4	3	7	2	4	10	5	0	0	1	4	0	0	40	258
51	甲醛	Formaldehyde	50-00-0	2	3	3	0	0	3	0	0	0	0	2	0	0	13	84
52	乙醛	Acetaldehyde	75-07-0	0	0	2	0	1	0	0	0	0	0	0	0	0	3	19
53	丙烯醛	Acrolein	107-02-8	0	0	0	0	0	0	0	0	0	0	0	0	0	0	0
54	丙烯腈	Acrylonitrile	107-13-1	0	0	0	0	0	0	0	0	0	0	0	0	0	0	0
55	乙腈	Acetonitrile	75-05-8	0	0	0	0	0	0	0	0	0	0	0	0	0	0	0
56	四氯化碳	Carbon tetrachloride	56-23-5	3	3	6	0	4	12	8	1	0	1	3	0	0	41	265
57	丙烯酰胺	Acrylamide	79-06-1	2	0	0	0	0	0	3	0	0	0	0	0	0	5	32
58	肼	Hydrazine	302-01-2	0	0	0	0	0	0	0	0	0	0	0	0	0	0	0
59	甲萘威,西维因	Carbaryl	63-25-2	0	0	0	0	0	0	0	0	0	0	0	0	0	0	0
60	四乙基铅	Tetraethyllead	78-00-2	0	0	0	0	0	0	0	0	0	0	0	0	0	0	0
61	乐果	Dimethoate	60-51-5	5	2	0	0	0	9	5	0	0	0	5	0	0	26	168
62	对硫磷	Parathion	56-38-2	5	4	0	0	5	5	4	0	0	0	0	1	0	24	155

续表

序号	中文名	英文名	CAS编号	松花江	辽河	海河	淮河	黄河	长江	珠江	钱塘江	闽江	西南诸河	太湖	巢湖	滇池	检出合计	污染物检出频率得分
63	敌敌畏	Dichlorvos	62-73-7	5	1	0	0	0	7	7	0	0	0	5	0	0	25	161
64	阿特拉津莠去津	Atrazine	1912-24-9	2	6	0	0	9	6	4	0	1	0	2	1	0	31	200
65	马拉硫磷	Malathion	121-75-5	5	6	0	0	0	5	2	0	0	0	5	1	0	24	155
66	敌百虫	Chlorophos	52-68-6	0	0	0	0	0	0	0	0	0	0	0	0	0	0	0
67	七氯	Heptachlor	76-44-8	2	2	5	22	1	9	8	1	0	2	2	0	0	55	355
68	甲基对硫磷	Parathion-methyl	298-00-0	4	4	0	0	3	7	2	0	0	0	4	0	0	21	135
69	毒死蜱	Chlorpyrifos	2921-88-2	3	0	0	0	3	3	1	0	0	0	3	0	0	10	65
	六六六	Hexachlorocyclohexane	—														3	19
70	α-六六六	α-BHC	319-84-6	5	6	8	26	8	13	7	1	1	2	5	2	1	85	548
	β-六六六	β-BHC	319-85-7	6	6	7	27	7	11	6	1	0	1	6	2	1	82	529
	γ-六六六	γ-BHC	58-89-9	4	5	7	25	7	8	6	0	1	1	4	2	1	73	471
	δ-六六六	δ-BHC	319-86-8	4	2	6	23	6	9	7	0	0	2	4	2	1	67	432
	滴滴涕	DDT	—														1	6
71	o,p'-滴滴滴	o,p'-DDD	53-19-0	0	0	0	0	3	18	7	1	0	0	0	2	0	35	226
	o,p'-滴滴伊	o,p'-DDE	3424-82-6	0	2	4	0	3	12	4	1	0	0	0	2	0	28	181
	o,p'-滴滴涕	o,p'-DDT	789-02-6	4	0	6	9	5	13	6	1	1	0	4	2	0	51	329
	p,p'-滴滴滴	p,p'-DDD	72-54-8	5	0	7	16	5	13	7	1	1	0	5	2	1	63	406
	p,p'-滴滴伊	p,p'-DDE	72-55-9	5	2	7	17	6	17	7	1	1	0	5	2	1	71	458
	p,p'-滴滴涕	p,p'-DDT	50-29-3	5	2	8	17	4	13	8	1	1	1	5	2	1	68	439

续表

序号	中文名	英文名	CAS 编号	松花江	辽河	海河	淮河	黄河	长江	珠江	钱塘江	闽江	西南诸河	太湖	巢湖	滇池	检出合计	污染物检出频率得分
72	氰化物	Cyanide,Quant test strips	151-50-8	3	0	4	9	2	10	5	0	0	0	3	0	0	36	232
73	氟化物	Fluoride	7664-39-3	5	3	6	24	4	19	0	0	1	2	5	0	0	69	445
74	二噁英	Dioxins	—	0	0	0	0	0	0	4	0	0	0	0	0	0	4	26
75	邻苯二甲酸酯	Phthalate acid esters,PAEs		0	0	0	0	0	0	0	0	0	0	0	0	0	0	0
	邻苯二甲酸二甲酯	Dimethyl phthalate	131-11-3	6	6	1	18	8	16	8	0	1	2	6	2	0	74	477
	邻苯二甲酸二乙酯	Diethyl phthalate	84-66-2	4	6	1	26	9	18	8	1	1	2	4	2	0	82	529
	邻苯二甲酸二丁酯	Dibutyl phthalate	84-74-2	7	6	1	19	9	19	8	0	1	1	7	2	0	80	516
	邻苯二甲酸二辛酯	Bis（2-ethylhexyl）phthalate	117-81-7	3	6	1	23	9	19	7	0	1	0	3	2	0	74	477
76	多环芳烃	Polycyclic aromatic hydrocarbons,PAHs	—	0	0	0	0	0	0	0	0	0	0	0	0	0	0	0
	萘	Naphthalene	91-20-3	7	5	7	23	9	18	8	1	1	2	7	2	0	90	581
	苊	Acenaphthene	83-32-9	6	2	8	16	8	17	7	1	1	1	6	2	0	75	484
	菲	Phenanthrene	85-01-8	7	6	8	26	9	18	7	1	1	1	7	2	0	93	600
	蒽	Anthracene	120-12-7	5	5	8	22	9	16	7	1	1	1	5	2	0	82	529
	荧蒽	Fluoranthene	206-44-0	7	6	8	25	9	18	8	1	1	1	7	2	0	93	600
	芘	Pyrene	129-00-0	7	5	8	26	9	18	7	1	1	1	7	2	0	93	600
	䓛	Chrysene	218-01-9	7	4	8	23	9	16	7	1	1	1	7	2	0	86	555
	苯并[b]荧蒽	Benzo [b] fluoranthene	205-99-2	5	4	6	19	9	16	8	1	0	1	5	2	0	76	490
	苯并[k]荧蒽	Benzo [k] fluoranthene	207-08-9	5	2	8	19	9	14	7	1	0	1	5	2	0	73	471

续表

序号	中文名	英文名	CAS 编号	松花江	辽河	海河	淮河	黄河	长江	珠江	钱塘江	闽江	西南诸河	太湖	巢湖	滇池	检出合计	污染物检出频率得分
76	苯并[a]芘	Benzo[a]pyrene	50-32-8	4	2	6	19	8	17	6	1	1	1	4	1	0	70	452
	茚并[1,2,3-cd]芘	Indeno [1,2,3-cd] pyrene	193-39-5	5	2	6	19	6	13	3	1	0	1	5	1	0	62	400
	苯并[g,h,i]芘	Benzo[g,h,i]perylene	191-24-2	5	4	5	19	8	13	6	1	0	1	5	1	0	68	439
	多氯联苯	Polychlorinated biphenyls,PCBs	—	4	4	1	26	8	16	7	1	1	2	4	0	0	74	477
	多氯联苯 1016	Aroclor 1016	12674-11-2	4	4	1	26	8	16	7	1	1	2	4	0	0	74	477
	多氯联苯 1221	Aroclor 1221	11104-28-2	4	4	1	26	8	16	7	1	1	2	4	0	0	74	477
77	多氯联苯 1232	Aroclor 1232	11141-16-5	4	4	1	26	8	16	7	1	1	2	4	0	0	74	477
	多氯联苯 1242	Aroclor 1242	53469-21-9	4	4	1	26	8	16	7	1	1	2	4	0	0	74	477
	多氯联苯 1248	Aroclor 1248	12672-29-6	4	4	1	26	8	16	7	1	1	2	4	0	0	74	477
	多氯联苯 1254	Aroclor 1254	11097-69-1	4	4	1	26	8	16	7	1	1	2	4	0	0	74	477
	多氯联苯 1260	Aroclor 1260	11096-82-5	4	4	1	26	8	16	7	1	1	2	4	0	0	74	477
	检出最大值																93	

水环境中 77 种初始候选污染物的毒性得分见表 5-4。

表 5-4　初始候选污染物毒性得分情况

序号	中文名	英文名	CAS 编号	急性毒性得分	慢性毒性得分			污染物毒性得分
					致癌性	生殖毒性	其他慢性毒性	
1	铜	Copper	7440-50-8	2	0	2	2	353
2	砷	Arsenic	7440-38-2	2	3	3	2	494
3	铅	Lead	7439-92-1	2	2	3	2	459
4	铍	Beryllium	7440-41-7	3	3	2	3	600
5	镍	Nickel	7440-02-0	1	2	2	3	353
6	汞	Mercury	7439-97-6	3	1	2	3	529
7	铬	Chromium	7440-47-3	3	1	2	2	494
8	镉	Cadmium	7440-43-9	3	3	1	3	565
9	铊	Thallium	7440-28-0	3	0	1	2	424
10	银	Silver	7440-22-4	0	0	0	2	70.6
11	锌	Zinc	7440-66-6	2	0	2	2	353
12	硒	Selenium	7782-49-2	2	1	2	2	388
13	锑	Antimony	7440-36-0	2	1	2	2	388
14	钼	Molybdenum	7439-98-7	1	0	1	0	141
15	锰	Manganese	7439-96-5	0	0	0	3	176
16	六价铬	Chromium VI	18540-29-9	3	3	3	2	600
17	钡	Barium,Ba	7440-39-3	1	0	1	0	141
18	苯	Benzene	71-43-2	3	3	2	3	600
19	甲苯	Toluene	108-88-3	3	1	2	2	494
20	二甲苯	Xylene	1330-20-7	2	1	2	2	388
21	乙苯	Ethylenene	100-41-4	2	2	2	2	424
22	异丙苯	Cumene	98-82-8	2	2	0	2	353
23	苯乙烯	Styrene	100-42-5	3	2	1	3	529
24	氯苯	Chlorobenzene	108-90-7	3	0	1	2	424
25	邻二氯苯	1,2-Dichlorobenzene	95-50-1	2	1	1	2	353
26	1,4-二氯苯	1,4-Dichlorobenzene	106-46-7	2	2	1	2	388

续表

序号	中文名	英文名	CAS 编号	急性毒性得分	慢性毒性得分			污染物毒性得分
					致癌性	生殖毒性	其他慢性毒性	
27	1,2,4-三氯苯	1,2,4-Trichlorobenzene	120-82-1	3	0	1	2	424
28	硝基苯	Nitrobenzene	98-95-3	2	1	2	3	424
29	梯恩梯，2,4,6-三硝基甲苯	2,4,6-Trinitrotoluene	118-96-7	2	1	1	2	353
30	2,4-二硝基甲苯	2,4-Dinitrotoluene	121-14-2	2	2	2	2	424
31	2,4-二硝基氯苯	2,4-Dinitrochlorobenzene	97-00-7	2	1	2	3	424
32	苯胺	Aniline	62-53-3	2	1	1	3	388
33	苯酚	Phenol	108-95-2	3	1	2	2	494
34	2,4-二氯酚	2,4-Dichlorophenol	120-83-2	2	2	2	0	353
35	2,4,6-三氯苯酚	2,4,6-Trichlorophenol	88-06-2	1	2	1	2	282
36	五氯酚	Pentachlorophenol	87-86-5	3	3	2	2	565
37	2,4-滴,2,4-二氯苯氧乙酸	2,4-D	94-75-7	1	2	2	2	318
38	五氯酚钠	Sodium pentachlorophenolate	131-52-2	3	2	2	2	529
39	氯乙烯	Chloroethylene	75-01-4	1	3	0	3	318
40	三氯乙烯	Trichlorethylene	79-01-6	1	3	1	2	318
41	四氯乙烯	Tetrachloroethylene	127-18-4	1	2	0	2	247
42	1,1-二氯乙烯	1,1-Dichloroethylene	75-35-4	3	1	0	3	459
43	六氯丁二烯	Hexachlorobuta-1,3-diene	87-68-3	3	1	1	3	494
44	二氯甲烷	Dichloromethane	75-09-2	1	2	1	2	282
45	三氯甲烷	Chloroform	67-66-3	3	2	2	3	565
46	1,2-二氯乙烷	1,2-Dichloroethane	107-06-2	1	2	2	2	318
47	1,1,1-三氯乙烷	1,1,1-Trichloroethane	71-55-6	1	1	2	2	282
48	三溴甲烷	Bromide	75-25-2	2	1	0	0	247
49	一氯二溴甲烷	Chlorodibromomethane	124-48-1	2	1	0	0	247
50	二氯一溴甲烷	Bromodichloromethane	75-27-4	2	1	2	2	388
51	甲醛	Formaldehyde	50-00-0	2	3	2	2	459
52	乙醛	Acetaldehyde	75-07-0	1	2	1	2	282

续表

序号	中文名	英文名	CAS 编号	急性毒性得分	慢性毒性得分			污染物毒性得分
					致癌性	生殖毒性	其他慢性毒性	
53	丙烯醛	Acrolein	107-02-8	3	1	1	0	388
54	丙烯腈	Acrylonitrile	107-13-1	2	2	1	2	388
55	乙腈	Acetonitrile	75-05-8	2	0	1	2	318
56	四氯化碳	Carbon tetrachloride	56-23-5	2	2	0	3	388
57	丙烯酰胺	Acrylamide	79-06-1	2	2	2	3	459
58	肼	Hydrazine	302-01-2	2	2	1	2	388
59	甲萘威,西维因	Carbaryl	63-25-2	1	1	2	1	247
60	四乙基铅	Tetraethyllead	78-00-2	3	0	1	1	459
61	乐果	Dimethoate	60-51-5	2	1	2	2	388
62	对硫磷	Parathion	56-38-2	3	2	3	3	600
63	敌敌畏	Dichlorvos	62-73-7	3	2	2	2	529
64	阿特拉津莠去津	Atrazine	1912-24-9	1	1	2	2	282
65	马拉硫磷	Malathion	121-75-5	2	2	1	2	388
66	敌百虫	Chlorophos	52-68-6	2	1	2	2	388
67	七氯	Heptachlor	76-44-8	3	2	2	2	529
68	甲基对硫磷	Parathion-methyl	298-00-0	3	1	2	2	494
69	毒死蜱	Chlorpyrifos	2921-88-2	2	0	2	1	318
70	六六六	Hexachlorocyclohexane	58-89-9	—	—	—	—	—
	α-六六六	α-BHC	319-84-6	2	2	0	2	353
	β-六六六	β-BHC	319-85-7	2	1	2	2	388
	γ-六六六	γ-BHC	58-89-9	3	3	2	2	565
	δ-六六六	δ-BHC	319-86-8	2	1	0	0	247
71	滴滴涕	DDT	—					
	o,p'-滴滴滴	o,p'-DDD	53-19-0	0	1	2	3	212
	o,p'-滴滴伊	o,p'-DDE	3424-82-6	1	1	1	3	282
	o,p'-滴滴涕	o,p'-DDT	789-02-6	2	1	2	3	424
	p,p'-滴滴滴	p,p'-DDD	72-54-8	2	2	0	0	282

续表

序号	中文名	英文名	CAS 编号	急性毒性得分	慢性毒性得分			污染物毒性得分
					致癌性	生殖毒性	其他慢性毒性	
71	*p,p'*-滴滴伊	*p,p'*-DDE	72-55-9	1	2	2	0	247
	p,p'-滴滴涕	*p,p'*-DDT	50-29-3	2	2	2	3	459
72	氰化物	Cyanide,Quant Test Strips	151-50-8	3	0	3	3	529
73	氟化物	Fluoride	7664-39-3	3	0	2	0	388
74	二噁英	Dioxins	—	—	0	0	0	0
75	邻苯二甲酸酯	Phthalate acid esters, PAEs	—					—
	邻苯二甲酸二甲酯	Dimethyl phthalate	131-11-3	0	0	1	0	35.3
	邻苯二甲酸二乙酯	Diethyl phthalate	84-66-2	0	0	1	0	35.3
	邻苯二甲酸二丁酯	Dibutyl phthalate	84-74-2	1	0	2	0	176
	邻苯二甲酸二辛酯	Bis (2-ethylhexyl) phthalate	117-81-7	1	2	2	0	247
76	多环芳烃	Polycyclic aromatic hydrocarbons,PAHs	—	—	—	—	—	—
	萘	Naphthalene	91-20-3	1	2	1	0	212
	苊	Acenaphthene	83-32-9	1	1	0	0	141
	菲	Phenanthrene	85-01-8	1	1	0	0	141
	蒽	Anthracene	120-12-7	1	1	0	2	212
	荧蒽	Fluoranthene	206-44-0	1	1	0	0	141
	芘	Pyrene	129-00-0	1	1	0	0	141
	䓛	Chrysene	218-01-9	1	2	0	0	176
	苯并[*b*]荧蒽	Benzo [*b*] fluoranthene	205-99-2	3	2	0	0	388
	苯并[*k*]荧蒽	Benzo [*k*] fluoranthene	207-08-9	3	2	0	0	388
	苯并[*a*]芘	Benzo[*a*]pyrene	50-32-8	3	3	2	2	565
	茚并[1,2,3-*cd*]芘	Indeno [1,2,3-*cd*] pyrene	193-39-5	3	2	0	0	388
	苯并[*g,h,i*]苝	Benzo[*g,h,i*]perylene	191-24-2	0	1	0	0	35.3
77	多氯联苯	Polychlorinated biphenyls,PCBs	—					—
	多氯联苯 1016	Aroclor 1016	12674-11-2	1	2	1	2	282
	多氯联苯 1221	Aroclor 1221	11104-28-2	1	2	1	2	282
	多氯联苯 1232	Aroclor 1232	11141-16-5	1	2	1	2	282

续表

序号	中文名	英文名	CAS 编号	急性毒性得分	慢性毒性得分			污染物毒性得分
					致癌性	生殖毒性	其他慢性毒性	
77	多氯联苯 1242	Aroclor 1242	53469-21-9	1	2	2	2	318
	多氯联苯 1248	Aroclor 1248	12672-29-6	0	2	2	2	212
	多氯联苯 1254	Aroclor 1254	11097-69-1	1	2	2	2	318
	多氯联苯 1260	Aroclor 1260	11096-82-5	1	2	1	2	282

5.3.3　水体中人群暴露得分

水环境中污染物对人群的暴露主要考虑饮水和摄食水产品两个途径，暴露剂量的计算见式（5-5）。人群暴露得分的计算按有机和无机污染物两个类别分别计算。分别以各类污染物中的人群暴露剂量的最大值作为参考，计算见式（5-6）。

$$ADD = \frac{C_w \times IR_w \times EF \times ED}{BW \times AT} + \frac{C_{biota} \times IR_{biota} \times EF \times ED}{BW \times AT} \qquad (5-5)$$

$$EFS_h = \frac{ADD_i}{ADD_{max}} \times 600 \qquad (5-6)$$

式中：IR——日均摄入率，w 和 biota——饮水（L/d）和水产品摄入（g/d）；

EF——暴露频率（d/a）；

ED——暴露持续年数（a）；

BW——体重（kg）；

AT——平均终身暴露时间（d）；

C——水环境中污染物浓度，w 和 biota——水体（μg/L）和生物体（μg/kg）。

根据 2013 年环境保护部发布的《中国人群暴露参数手册（儿童卷）》，儿童（18 岁以下）主要暴露参数分别为：BW，41.3 kg；IR_w，1.32 L/d；IR_{biota}，0.0488 kg/d。

水环境中污染物的浓度（C_w，μg/L）主要源于专项调查、监测数据和近 5 年公开发表的文献数据。通过汇总浓度的中位值（或平均值），最终选取统计浓度的中位值用于计算。水环境初始候选污染物的人群暴露得分见表 5-5。

表 5-5　初始候选污染物的人群暴露得分

序号	中文名	英文名	CAS 编号	水环境中污染物浓度			生物体中污染物浓度				暴露剂量 [μg/(kg·d)]	人群暴露得分
				单位	统计总数	中位值	单位	统计总数	中位值			
1	铜	Copper	7440-50-8	μg/L	508	4.00	mg/kg	93	2.94	3.60	146
2	砷	Arsenic	7440-38-2	μg/L	359	2.10	mg/kg	66	0.23	3.33×10^{-1}	13.5
3	铅	Lead	7439-92-1	μg/L	542	2.30	mg/kg	145	0.11	2.01×10^{-1}	8.16
4	铍	Beryllium	7440-41-7	μg/L	80	0.05	mg/kg	0	0.00	1.60×10^{-3}	0.06
5	镍	Nickel	7440-02-0	μg/L	231	4.51	mg/kg	46	0.16	3.27×10^{-1}	13.3
6	汞	Mercury	7439-97-6	μg/L	263	0.05	mg/kg	69	0.03	3.70×10^{-2}	1.50
7	铬	Chromium	7440-47-3	μg/L	321	3.36	mg/kg	97	0.21	3.56×10^{-1}	14.4
8	镉	Cadmium	7440-43-9	μg/L	508	0.18	mg/kg	122	0.01	2.33×10^{-2}	0.94
9	铊	Thallium	7440-28-0	μg/L	67	0.03	mg/kg	0	0.00	9.59×10^{-4}	0.04
10	银	Silver	7440-22-4	μg/L	19	0.28	mg/kg	0	0.00	9.08×10^{-3}	0.37
11	锌	Zinc	7440-66-6	μg/L	467	11.93	mg/kg	63	12.20	1.48×10	600
12	硒	Selenium	7782-49-2	μg/L	143	0.71	mg/kg	3	0.58	7.08×10^{-1}	28.7
13	锑	Antimony	7440-36-0	μg/L	78	0.39	mg/kg	0	0.00	1.23×10^{-2}	0.50
14	钼	Molybdenum	7439-98-7	μg/L	47	1.20	mg/kg	0	0.00	3.84×10^{-2}	1.56
15	锰	Manganese	7439-96-5	μg/L	250	20.30	mg/kg	32	0.76	1.55	62.7
16	六价铬	Chromium VI	18540-29-9	μg/L	126	1.95	mg/kg	0	0.00	6.23×10^{-2}	2.53
17	钡	Barium,Ba	7440-39-3	μg/L	88	63.11	mg/kg	2	3.12	5.70	231

续表

序号	中文名	英文名	CAS 编号	水环境中污染物浓度			生物体中污染物浓度				暴露剂量 [μg/(kg·d)]	人群暴露得分
				单位	统计总数	中位值	单位	统计总数	中位值			
18	苯	Benzene	71-43-2	μg/L	178	0.95	μg/kg	0	0.00	4.31×10^{-3}	5.16
19	甲苯	Toluene	108-88-3	μg/L	151	406.44	μg/kg	0	0.00	1.09×10^{-2}	13.1
20	二甲苯	Xylene	1330-20-7	μg/L	136	0.14	μg/kg	0	0.00	1.34×10^{-3}	1.60
21	乙苯	Ethylenzene	100-41-4	μg/L	119	0.34	μg/kg	0	0.00	3.34×10^{-4}	0.40
22	异丙苯	Cumene	98-82-8	μg/L	39	4.20×10^{-2}	μg/kg	0	0.00	0	0.00
23	苯乙烯	Styrene	100-42-5	μg/L	70	1.04×10^{-2}	μg/kg	0	0.00	0	0.00
24	氯苯	Chlorobenzene	108-90-7	μg/L	213	0	μg/kg	0	0.00	3.44×10^{-5}	0.04
25	邻二氯苯	1,2-Dichlorobenzene	95-50-1	μg/L	100	0	μg/kg	0	0.00	8.61×10^{-4}	1.03
26	1,4-二氯苯	1,4-Dichlorobenzene	106-46-7	μg/L	123	1.08×10^{-3}	μg/kg	0	0.00	2.88×10^{-3}	3.44
27	1,2,4-三氯苯	1,2,4-Trichlorobenzene	120-82-1	μg/L	79	2.69×10^{-2}	μg/kg	0	0.00	2.96×10^{-5}	0.04
28	硝基苯	Nitrobenzene	98-95-3	μg/L	152	9.00×10^{-2}	μg/kg	0	0.00	1.82×10^{-4}	0.22
29	梯恩梯，2,4,6-三硝基甲苯	2,4,6-Trinitrotoluene	118-96-7	μg/L	6	9.25×10^{-4}	μg/kg	0	0.00	0	0.00
30	2,4-二硝基甲苯	2,4-Dinitrotoluene	121-14-2	μg/L	21	5.71×10^{-3}	μg/kg	0	0.00	1.39×10^{-3}	1.66
31	2,4-二硝基氯苯	2,4-Dinitrochlorobenzene	97-00-7	μg/L	13	0	μg/kg	0	0.00	7.82×10^{-4}	0.94
32	苯胺	Aniline	62-53-3	μg/L	13	4.34×10^{-2}	μg/kg	0	0.00	0	0.00
33	苯酚	Phenol	108-95-2	μg/L	54	2.45×10^{-2}	μg/kg	0	0.00	1.82×10^{-2}	21.7
34	2,4-二氯酚	2,4-Dichlorophenol	120-83-2	μg/L	145	0	μg/kg	0	0.00	1.11×10^{-4}	0.13

续表

序号	中文名	英文名	CAS编号	水环境中污染物浓度			生物体中污染物浓度			暴露剂量 [μg/(kg·d)]	人群暴露得分
				单位	统计总数	中位值	单位	统计总数	中位值		
35	2,4,6-三氯苯酚	2,4,6-Trichlorophenol	88-06-2	μg/L	152	5.68×10^{-1}	μg/kg	0	0.00	6.87×10^{-6}	0.01
36	五氯酚	Pentachlorophenol	87-86-5	μg/L	150	3.49×10^{-3}	μg/kg	0	0.00	3.04×10^{-5}	0.04
37	2,4-滴, 2,4-二氯苯氧乙酸	2,4-D	94-75-7	μg/L	11	2.15×10^{-4}	μg/kg	0	0.00	3.68×10^{-4}	0.44
38	五氯酚钠	Sodium pentachlorophenolate	131-52-2	μg/L	3	9.50×10^{-4}	μg/kg	0	0.00	2.36×10^{-3}	2.82
39	氯乙烯	Chloroethylene	75-01-4	μg/L	53	1.15×10^{-2}	μg/kg	0	0.00	7.99×10^{-3}	9.55
40	三氯乙烯	Trichloroethylene	79-01-6	μg/L	79	7.38×10^{-2}	μg/kg	0	0.00	7.99×10^{-5}	0.10
41	四氯乙烯	Tetrachloroethylene	127-18-4	μg/L	102	2.50×10^{-1}	μg/kg	0	0.00	0	0.00
42	1,1-二氯乙烯	1,1-Dichloroethylene	75-35-4	μg/L	79	2.50×10^{-3}	μg/kg	0	0.00	0	0.00
43	六氯丁二烯	Hexachlorobuta-1,3-diene	87-68-3	μg/L	38	0	μg/kg	0	0.00	5.50×10^{-5}	0.07
44	二氯甲烷	Dichloromethane	75-09-2	μg/L	136	0	μg/kg	0	0.00	1.98×10^{-2}	23.7
45	三氯甲烷	Chloroform	67-66-3	μg/L	172	1.72×10^{-3}	μg/kg	0	0.00	5.03×10^{-2}	60.2
46	1,2-二氯乙烷	1,2-Dichloroethane	107-06-2	μg/L	131	6.20×10^{-1}	μg/kg	0	0.00	1.43×10^{-2}	17.1
47	1,1,1-三氯乙烷	1,1,1-Trichloroethane	71-55-6	μg/L	66	1.58	μg/kg	0	0.00	7.91×10^{-3}	9.45
48	三溴甲烷	Bromide	75-25-2	μg/L	65	4.47×10^{-1}	μg/kg	0	0.00	1.34×10^{-2}	16.1
49	一氯二溴甲烷	Chlorodibromomethane	124-48-1	μg/L	56	2.47×10^{-1}	μg/kg	0	0.00	9.11×10^{-3}	10.9
50	二氯一溴甲烷	Bromodichloromethane	75-27-4	μg/L	65	4.20×10^{-1}	μg/kg	0	0.00	4.47×10^{-3}	5.35
51	甲醛	Formaldehyde	50-00-0	μg/L	13	2.85×10^{-1}	μg/kg	0	0.00	5.02×10^{-1}	600

续表

序号	中文名	英文名	CAS 编号	水环境中污染物浓度			生物体中污染物浓度			暴露剂量 [μg/(kg·d)]	人群暴露得分
				单位	统计总数	中位值	单位	统计总数	中位值		
52	乙醛	Acetaldehyde	75-07-0	μg/L	7	1.40×10^{-1}	μg/kg	0	0.00	8.28×10^{-2}	99.0
53	丙烯醛	Acrolein	107-02-8	μg/L	4	1.57×10	μg/kg	0	0.00	0	0.00
54	丙烯腈	Acrylonitrile	107-13-1	μg/L	0	2.59×1	μg/kg	0	0.00	0	0.00
55	乙腈	Acetonitrile	75-05-8	μg/L	0	0	μg/kg	0	0.00	0	0.00
56	四氯化碳	Carbon tetrachloride	56-23-5	μg/L	103	0	μg/kg	0	0.00	3.53×10^{-3}	4.23
57	丙烯酰胺	Acrylamide	79-06-1	μg/L	3	0	μg/kg	0	0.00	6.79×10^{-3}	8.12
58	肼	Hydrazine	302-01-2	μg/L		1.11×10^{-1}	μg/kg	0	0.00	0	0.00
59	甲萘威,西维因	Carbaryl	63-25-2	μg/L		2.13×10^{-1}	μg/kg	0	0.00	0	0.00
60	四乙基铅	Tetraethyllead	78-00-2	μg/L		0	μg/kg	0	0.00	0	0.00
61	乐果	Dimethoate	60-51-5	μg/L	69	0	μg/kg	0	0.00	1.60×10^{-3}	1.91
62	对硫磷	Parathion	56-38-2	μg/L	47	0	μg/kg	0	0.00	1.78×10^{-5}	0.02
63	敌敌畏	Dichlorvos	62-73-7	μg/L	43	5.00×10^{-2}	μg/kg	0	0.00	7.99×10^{-4}	0.96
64	阿特拉津莠去津	Atrazine	1912-24-9	μg/L	30	5.56×10^{-4}	μg/kg	0	0.00	8.59×10^{-3}	10.3
65	马拉硫磷	Malathion	121-75-5	μg/L	42	2.50×10^{-2}	μg/kg	0	0.00	7.89×10^{-4}	0.94
66	敌百虫	Chlorophos	52-68-6	μg/L	0	2.69×10^{-1}	μg/kg	0	0.00	0	0.00
67	七氯	Heptachlor	76-44-8	μg/L	101	2.47×10^{-2}	μg/kg	16	0.01	2.56×10^{-4}	0.31
68	甲基对硫磷	Parathion-methyl	298-00-0	μg/L	64	0	μg/kg	31	0.28	7.24×10^{-4}	0.87
69	毒死蜱	Chlorpyrifos	2921-88-2	μg/L	24	7.70×10^{-3}	μg/kg	0	0.00	0	0.00

续表

序号	中文名	英文名	CAS 编号	水环境中污染物浓度			生物体中污染物浓度			暴露剂量 [μg/(kg·d)]	人群暴露得分
				单位	统计总数	中位值	单位	统计总数	中位值		
	六六六	Hexachlorocyclohexane	58-89-9	μg/L	—	—	μg/kg	—	—	—	—
70	α-六六六	α-BHC	319-84-6	μg/L	222	0	μg/kg	103	0.28	4.14×10^{-4}	0.50
	β-六六六	β-BHC	319-85-7	μg/L	207	0	μg/kg	102	0.43	6.17×10^{-4}	0.74
	γ-六六六	γ-BHC	58-89-9	μg/L	201	2.61×10^{-3}	μg/kg	102	0.10	1.43×10^{-4}	0.17
	δ-六六六	δ-BHC	319-86-8	μg/L	194	3.44×10^{-3}	μg/kg	102	0.14	2.26×10^{-4}	0.27
	滴滴涕	DDT	—	μg/L	—	—	μg/kg	—	—	—	—
	o,p'-滴滴滴	o,p'-DDD	53-19-0	μg/L	38	1.85×10^{-3}	μg/kg	88	0.33	4.06×10^{-4}	0.49
	o,p'-滴滴伊	o,p'-DDE	3424-82-6	μg/L	32	0	μg/kg	64	0.30	3.50×10^{-4}	0.42
71	o,p'-滴滴涕	o,p'-DDT	789-02-6	μg/L	164	5.10×10^{-4}	μg/kg	70	2.18	2.58×10^{-3}	3.08
	p,p'-滴滴滴	p,p'-DDD	72-54-8	μg/L	188	4.75×10^{-5}	μg/kg	131	1.82	2.16×10^{-3}	2.58
	p,p'-滴滴伊	p,p'-DDE	72-55-9	μg/L	190	7.50×10^{-5}	μg/kg	131	4.78	5.66×10^{-3}	6.76
	p,p'-滴滴涕	p,p'-DDT	50-29-3	μg/L	193	2.45×10^{-4}	μg/kg	131	1.42	1.69×10^{-3}	2.02
72	氰化物	Cyanide,Quant Test Strips	151-50-8	μg/L	86	2.40×10^{-4}	μg/kg	0	0.00	3.04×10^{-2}	1.23
73	氟化物	Fluoride	7664-39-3	μg/L	85	3.30×10^{-4}	μg/kg	0	0.00	1.30×10	527
74	二噁英	Dioxins	—	μg/L	4	0	μg/kg	0	0.00	0.00×1	0.00
	邻苯二甲酸酯	Phthalate acid esters,PAEs	—	μg/L	—	—	μg/kg	—	—	—	—
75	邻苯二甲酸二甲酯	Dimethyl phthalate	131-11-3	μg/L	127	3.08×10^{-1}	μg/kg	47	1.50	1.16×10^{-2}	13.9
	邻苯二甲酸二乙酯	Diethyl phthalate	84-66-2	μg/L	145	2.75×10^{-1}	μg/kg	47	1.90	1.10×10^{-2}	13.2

续表

序号	中文名	英文名	CAS 编号	水环境中污染物浓度			生物体中污染物浓度			暴露剂量 [μg/(kg·d)]	人群暴露得分
				单位	统计总数	中位值	单位	统计总数	中位值		
75	邻苯二甲酸二丁酯	Dibutyl phthalate	84-74-2	μg/L	151	5.01×10^{-1}	μg/kg	47	95.00	1.28×10^{-1}	153
	邻苯二甲酸二辛酯	Bis(2-ethylhexyl)phthalate	117-81-7	μg/L	138	4.56×10^{-1}	μg/kg	47	127	1.65×10^{-1}	197
76	多环芳烃	Polycyclic aromatic hydrocarbons,PAHs	—	ng/L	—	—	μg/kg	—	—	—	—
	萘	Naphthalene	91-20-3	ng/L	206	6.82×10	μg/kg	32	60.15	7.33×10^{-2}	87.6
	苊	Acenaphthene	83-32-9	ng/L	194	4.01×1	μg/kg	56	5.90	7.10×10^{-3}	8.49
	菲	Phenanthrene	85-01-8	ng/L	207	2.95×10	μg/kg	56	150.00	1.78×10^{-1}	213
	蒽	Anthracene	120-12-7	ng/L	187	3.70×1	μg/kg	56	39.55	4.69×10^{-2}	56.0
	荧蒽	Fluoranthene	206-44-0	ng/L	205	1.24×10	μg/kg	56	42.65	5.08×10^{-2}	60.7
	芘	Pyrene	129-00-0	ng/L	194	9.55×1	μg/kg	56	45.12	5.36×10^{-2}	64.1
	䓛	Chrysene	218-01-9	ng/L	182	3.24×1	μg/kg	56	20.70	2.46×10^{-2}	29.4
	苯并[b]荧蒽	Benzo [b] fluoranthene	205-99-2	ng/L	181	1.20×1	μg/kg	56	1.55	1.87×10^{-3}	2.24
	苯并[k]荧蒽	Benzo [k] fluoranthene	207-08-9	ng/L	187	1.70×1	μg/kg	56	1.15	1.41×10^{-3}	1.69
	苯并[a]芘	Benzo[a]pyrene	50-32-8	ng/L	192	4.00×10^{-1}	μg/kg	54	0.90	1.08×10^{-3}	1.29
	茚并[1,2,3-cd]芘	Indeno [1,2,3-cd] pyrene	193-39-5	ng/L	176	1.00×10^{-1}	μg/kg	56	0.85	1.01×10^{-3}	1.20
	苯并[g,h,i]苝	Benzo[g,h,i]perylene	191-24-2	ng/L	176	1.00×10^{-1}	μg/kg	56	1.30	1.54×10^{-3}	1.84
77	多氯联苯	Polychlorinated biphenyls,PCBs	—	ng/L	90	3.24×1	μg/kg	66	1.25	1.58×10^{-3}	—
	多氯联苯 1016	Aroclor 1016	12674-11-2	ng/L	90	3.24×1	μg/kg	66	1.25	1.58×10^{-3}	1.89
	多氯联苯 1221	Aroclor 1221	11104-28-2	ng/L	90	3.24×1	μg/kg	66	1.25	1.58×10^{-3}	1.89

续表

序号	中文名	英文名	CAS 编号	水环境中污染物浓度			生物体中污染物浓度			暴露剂量 [μg/(kg·d)]	人群暴露得分
				单位	统计总数	中位值	单位	统计总数	中位值		
	多氯联苯 1232	Aroclor 1232	11141-16-5	ng/L	90	3.24×1	μg/kg	66	1.25	1.58×10^{-3}	1.89
	多氯联苯 1242	Aroclor 1242	53469-21-9	ng/L	90	3.24×1	μg/kg	66	1.25	1.58×10^{-3}	1.89
77	多氯联苯 1248	Aroclor 1248	12672-29-6	ng/L	90	3.24×1	μg/kg	66	1.25	1.58×10^{-3}	1.89
	多氯联苯 1254	Aroclor 1254	1097-69-1	ng/L	90	3.24×1	μg/kg	66	1.25	1.58×10^{-3}	1.89
	多氯联苯 1260	Aroclor 1260	11096-82-5	ng/L	90	3.24×1	μg/kg	66	1.25	1.58×10^{-3}	1.89

5.3.4　水体污染物健康风险综合得分

健康风险综合得分为污染物的检出频率、污染物毒性以及人群暴露三项得分之和，如式（5-7）。

$$PNEC = DFS + EFS_t + EFS_h \qquad （5-7）$$

水环境初始候选污染物的健康风险综合得分详见表 5-6。

表 5-6　水环境初始候选污染物的健康风险综合得分

序号	中文名	英文名	CAS 编号	环境检出频率得分	污染物毒性得分	人群暴露得分	健康风险综合得分
1	铜	Copper	7440-50-8	523	353	146	1022
2	砷	Arsenic	7440-38-2	529	494	13.5	1037
3	铅	Lead	7439-92-1	523	459	8.16	990
4	铍	Beryllium	7440-41-7	135	600	0.06	736
5	镍	Nickel	7440-02-0	497	353	13.3	863
6	汞	Mercury	7439-97-6	394	529	1.50	924
7	铬	Chromium	7440-47-3	542	494	14.4	1050
8	镉	Cadmium	7440-43-9	471	565	0.94	1037
9	铊	Thallium	7440-28-0	252	424	0.04	675
10	银	Silver	7440-22-4	77	70.6	0.37	148
11	锌	Zinc	7440-66-6	484	353	600	1437
12	硒	Selenium	7782-49-2	374	388	28.7	791
13	锑	Antimony	7440-36-0	316	388	0.50	705
14	钼	Molybdenum	7439-98-7	310	141	1.56	452
15	锰	Manganese	7439-96-5	555	176	62.7	794
16	六价铬	Chromium VI	18540-29-9	297	600	2.53	899
17	钡	Barium,Ba	7440-39-3	432	141	231	805
18	苯	Benzene	71-43-2	316	600	5.16	921
19	甲苯	Toluene	108-88-3	342	494	13.1	849
20	二甲苯	Xylene	1330-20-7	271	388	1.60	661
21	乙苯	Ethylenzene	100-41-4	271	424	0.40	695

序号	中文名	英文名	CAS 编号	环境检出频率得分	污染物毒性得分	人群暴露得分	健康风险综合得分
22	异丙苯	Cumene	98-82-8	45	353	0.00	398
23	苯乙烯	Styrene	100-42-5	232	529	0.00	762
24	氯苯	Chlorobenzene	108-90-7	271	424	0.04	695
25	邻二氯苯	1,2-Dichlorobenzene	95-50-1	200	353	1.03	554
26	1,4-二氯苯	1,4-Dichlorobenzene	106-46-7	265	388	3.44	656
27	1,2,4-三氯苯	1,2,4-Trichlorobenzene	120-82-1	181	424	0.04	604
28	硝基苯	Nitrobenzene	98-95-3	219	424	0.22	643
29	梯恩梯, 2,4,6-三硝基甲苯	2,4,6-Trinitrotoluene	118-96-7	32	353	0.00	385
30	2,4-二硝基甲苯	2,4-Dinitrotoluene	121-14-2	97	424	1.66	522
31	2,4-二硝基氯苯	2,4-Dinitrochlorobenzene	97-00-7	65	424	0.94	489
32	苯胺	Aniline	62-53-3	71	388	0.00	459
33	苯酚	Phenol	108-95-2	297	494	21.7	813
34	2,4-二氯酚	2,4-Dichlorophenol	120-83-2	271	353	0.13	624
35	2,4,6-三氯苯酚	2,4,6-Trichlorophenol	88-06-2	206	282	0.01	489
36	五氯酚	Pentachlorophenol	87-86-5	245	565	0.04	810
37	2,4-滴, 2,4-二氯苯氧乙酸	2,4-D	94-75-7	77	318	0.44	396
38	五氯酚钠	Sodium pentachlorophenolate	131-52-2	26	529	2.82	558
39	氯乙烯	Chloroethylene	75-01-4	65	318	9.55	392
40	三氯乙烯	Trichlorethylene	79-01-6	174	318	0.10	492
41	四氯乙烯	Tetrachloroethylene	127-18-4	206	247	0.00	454
42	1,1-二氯乙烯	1,1-Dichloroethylene	75-35-4	142	459	0.00	601
43	六氯丁二烯	Hexachlorobuta-1,3-diene	87-68-3	116	494	0.07	610
44	二氯甲烷	Dichloromethane	75-09-2	335	282	23.7	642
45	三氯甲烷	Chloroform	67-66-3	432	565	60.2	1057
46	1,2-二氯乙烷	1,2-Dichloroethane	107-06-2	265	318	17.1	599
47	1,1,1-三氯乙烷	1,1,1-Trichloroethane	71-55-6	200	282	9.45	492
48	三溴甲烷	Bromide	75-25-2	187	247	16.1	450

续表

序号	中文名	英文名	CAS 编号	环境检出频率得分	污染物毒性得分	人群暴露得分	健康风险综合得分
49	一氯二溴甲烷	Chlorodibromomethane	124-48-1	258	247	10.9	516
50	二氯一溴甲烷	Bromodichloromethane	75-27-4	258	388	5.35	652
51	甲醛	Formaldehyde	50-00-0	84	459	600	1143
52	乙醛	Acetaldehyde	75-07-0	19	282	99.0	401
53	丙烯醛	Acrolein	107-02-8	0	388	0.00	388
54	丙烯腈	Acrylonitrile	107-13-1	0	388	0.00	388
55	乙腈	Acetonitrile	75-05-8	0	318	0.00	318
56	四氯化碳	Carbon tetrachloride	56-23-5	265	388	4.23	657
57	丙烯酰胺	Acrylamide	79-06-1	32	459	8.12	499
58	肼	Hydrazine	302-01-2	0	388	0.00	388
59	甲萘威,西维因	Carbaryl	63-25-2	0	247	0.00	247
60	四乙基铅	Tetraethyllead	78-00-2	—	459	0.00	459
61	乐果	Dimethoate	60-51-5	168	388	1.91	558
62	对硫磷	Parathion	56-38-2	155	600	0.02	755
63	敌敌畏	Dichlorvos	62-73-7	161	529	0.96	692
64	阿特拉津莠去津	Atrazine	1912-24-9	200	282	10.3	493
65	马拉硫磷	Malathion	121-75-5	155	388	0.94	544
66	敌百虫	Chlorophos	52-68-6	0	388	0.00	388
67	七氯	Heptachlor	76-44-8	355	529	0.31	885
68	甲基对硫磷	Parathion-methyl	298-00-0	135	494	0.87	630
69	毒死蜱	Chlorpyrifos	2921-88-2	65	318	0.00	382
70	六六六	Hexachlorocyclohexane	58-89-9	—	—	—	—
	α-六六六	α-BHC	319-84-6	548	353	0.50	902
	β-六六六	β-BHC	319-85-7	529	388	0.74	918
	γ-六六六	γ-BHC	58-89-9	471	565	0.17	1036
	δ-六六六	δ-BHC	319-86-8	432	247	0.27	680
71	滴滴涕	DDT	—	—	—	—	—
	o,p'-滴滴滴	o,p'-DDD	53-19-0	226	212	0.49	438
	o,p'-滴滴伊	o,p'-DDE	3424-82-6	181	282	0.42	463

序号	中文名	英文名	CAS 编号	环境检出频率得分	污染物毒性得分	人群暴露得分	健康风险综合得分
71	o,p'-滴滴涕	o,p'-DDT	789-02-6	329	424	3.08	756
	p,p'-滴滴滴	p,p'-DDD	72-54-8	406	282	2.58	691
	p,p'-滴滴伊	p,p'-DDE	72-55-9	458	247	6.76	712
	p,p'-滴滴涕	p,p'-DDT	50-29-3	439	459	2.02	900
72	氰化物	Cyanide, Quant test strips	151-50-8	232	529	1.23	763
73	氟化物	Fluoride	7664-39-3	445	388	527	1360
74	二噁英	Dioxins	—	26	0	0.00	26
75	邻苯二甲酸酯	Phthalate acid esters, PAEs	—	—	—	—	—
	邻苯二甲酸二甲酯	Dimethyl phthalate	131-11-3	477	35.3	13.9	527
	邻苯二甲酸二乙酯	Diethyl phthalate	84-66-2	529	35.3	13.2	578
	邻苯二甲酸二丁酯	Dibutyl phthalate	84-74-2	516	176	153	846
	邻苯二甲酸二辛酯	Bis（2-ethylhexyl）phthalate	117-81-7	477	247	197	921
76	多环芳烃	Polycyclic aromatic hydrocarbons, PAHs	—	—	—	—	—
	萘	Naphthalene	91-20-3	581	212	87.6	880
	苊	Acenaphthene	83-32-9	484	141	8.49	634
	菲	Phenanthrene	85-01-8	600	141	213	954
	蒽	Anthracene	120-12-7	529	212	56.0	797
	荧蒽	Fluoranthene	206-44-0	600	141	60.7	802
	芘	Pyrene	129-00-0	600	141	64.1	805
	䓛	Chrysene	218-01-9	555	176	29.4	761
	苯并[b]荧蒽	Benzo [b] fluoranthene	205-99-2	490	388	2.24	881
	苯并[k]荧蒽	Benzo [k] fluoranthene	207-08-9	471	388	1.69	861
	苯并[a]芘	Benzo[a]pyrene	50-32-8	452	565	1.29	1018
	茚并[1,2,3-cd]芘	Indeno [1,2,3-cd] pyrene	193-39-5	400	388	1.20	789
	苯并[g,h,i]芘	Benzo[g,h,i]perylene	191-24-2	439	35.3	1.84	476
77	多氯联苯	Polychlorinated biphenyls, PCBs	—	—	—	—	—
	多氯联苯 1016	Aroclor 1016	12674-11-2	477	282	1.89	762
	多氯联苯 1221	Aroclor 1221	11104-28-2	477	282	1.89	762

续表

序号	中文名	英文名	CAS 编号	环境检出频率得分	污染物毒性得分	人群暴露得分	健康风险综合得分
77	多氯联苯 1232	Aroclor 1232	11141-16-5	477	282	1.89	762
	多氯联苯 1242	Aroclor 1242	53469-21-9	477	318	1.89	797
	多氯联苯 1248	Aroclor 1248	12672-29-6	477	212	1.89	691
	多氯联苯 1254	Aroclor 1254	11097-69-1	477	318	1.89	797
	多氯联苯 1260	Aroclor 1260	11096-82-5	477	282	1.89	762

5.4　水环境基准污染物清单

根据健康风险综合得分情况（一般选取得分≥900 分），结合专家评判、管理部门和公众意见，将 26 种污染物纳入候选名单，其中包括 9 种重金属、5 种多环芳烃、5 种农药、2 种酞酸酯类、2 种苯系物、1 种卤代烃、1 种醛酮类和 1 种氟化物，详见表 5-7。

表 5-7　水环境基准污染物清单

类别	CAS 号	英文名	中文名	综合得分	排序
重金属（9 种）	7440-66-6	Zinc	锌（Zn）	1437	1
	7440-47-3	Chromium	铬（Cr）	1050	5
	7440-38-2	Arsenic	砷（As）	1037	6
	7440-43-9	Cadmium	镉（Cd）	1037	7
	7440-50-8	Copper	铜（Cu）	1022	9
	7439-92-1	Lead	铅（Pb）	990	11
	7439-97-6	Mercury	汞（Hg）	924	13
	18540-29-9	Chromium VI	六价铬［Cr（VI）］	899	19
	7440-02-0	Nickel	镍（Ni）	863	23
氟化物（1 种）	7664-39-3	Fluoride	氟化物	1360	2
醛酮类（1 种）	50-00-0	Formaldehyde	甲醛	1143	3
卤代烃（1 种）	67-66-3	Chloroform	三氯甲烷	1057	4
酞酸酯（2 种）	117-81-7	Di-n-octyl phthalate	邻苯二甲酸二辛酯	921	15
	84-74-2	Dibutyl phthalate	邻苯二甲酸二丁酯	846	26

续表

类别	CAS 号	英文名	中文名	综合得分	排序
多环芳烃（5种）	50-32-8	Benzo[*a*]pyrene	苯并[*a*]芘	1018	10
	85-01-8	Phenanthrene	菲	954	12
	205-99-2	Benzo[*b*]fluoranthene	苯并[*b*]荧蒽	881	21
	91-20-3	Naphthalene	萘	880	22
	207-08-9	Benzo[*k*]fluoranthene	苯并[*k*]荧蒽	861	24
农药类（5种）	58-89-9	γ-BHC	γ-六六六,林丹	1036	8
	319-85-7	β-BHC	β-六六六	918	16
	319-84-6	α-BHC	α-六六六	902	17
	50-29-3	*p,p*'-DDT	*p,p*'-滴滴涕	900	18
	76-44-8	Heptachlor	七氯	885	20
苯系物（2种）	71-43-2	Benzene	苯	921	14
	108-88-3	Toluene	甲苯	849	25

第 6 章　保护人体健康的土壤环境基准污染物筛选

6.1　土壤环境基准污染物筛选技术与方法

我国保护人体健康土壤基准污染物的筛选采取定性与半定量相结合的方法，分为初始污染物候选名单的确定、污染物候选名单的确定和最终基准污染物清单的确定三个步骤。首先基于清单方法形成初始污染物候选名单（PCCL），然后选取污染物检出频率、污染物毒性和人群暴露 3 个参数作为筛选指标分别赋值后计算健康风险综合得分，按分值高低排序形成污染物候选名单（CCL），最终结合专家、管理部门和公众意见形成基准污染物清单。具体筛选工作程序见图 6-1 所示。

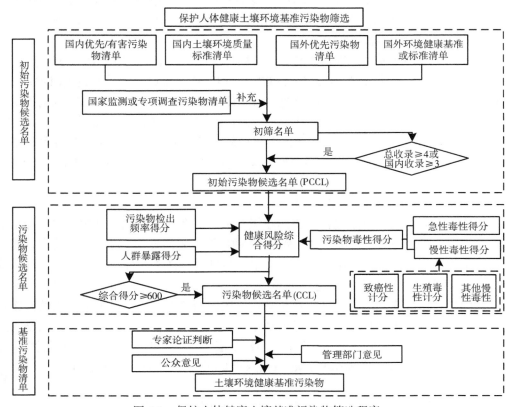

图 6-1　保护人体健康土壤基准污染物筛选程序

6.2　土壤环境初始污染物候选名单

初始污染物候选名单的确定基于清单的方法（list-based approach），根据污染物在国内外土壤优先/有毒污染物清单、国内外土壤质量标准或基准清单等的收录情况，将污染物收录次数≥4或国内收录次数≥3的污染物纳入初始污染物候选名单（PCCL）。

6.2.1　土壤环境污染物清单选择

土壤环境污染物清单主要选择国内优先/毒害污染物清单、国内土壤环境质量标准清单、国外优先污染物清单和国外环境健康基准或标准清单。另外选取国家监测或专项调查污染物清单作为补充。

1）国内优先/有害污染物清单

国内优先/有害污染物清单包括：国家污染物环境健康风险名录（化学第一分册），国家污染物环境健康风险名录（化学第二分册）。污染物合计141种。

2）国内土壤环境质量标准清单

国内土壤环境质量标准清单包括：土壤环境质量标准（GB 15618—1995），污染场地风险评估技术导则（HJ 350—2007），场地土壤环境风险评价筛选值（DB11/T 811—2011），上海市场地土壤环境健康风险评估筛选值（试行），北京市场地土壤环境健康风险评估筛选值（试行），农用地土壤环境质量标准（征求意见稿），建设用地土壤污染风险筛选指导值（征求意见稿），温室蔬菜产地环境质量评价标准（HJ/T 333—2006），食用农产品产地环境质量评价标准（HJ/T 332—2006）。污染物合计200种。

3）国外优先污染物清单

国外优先污染物清单包括：美国超级基金修正案国家优先污染物名单，加拿大第一、二期优先物质名单，澳大利亚89种环境优先污染物名单，日本特定物质名单Ⅰ和Ⅱ，荷兰优先控制化学物质清单。污染物合计416种。

4）国外环境健康基准或标准清单

国外环境健康基准或标准清单包括：美国区域筛选值清单，加拿大土壤健康基准清单，英国土壤环境质量指导值清单，荷兰土壤环境目标值和干预值污染物清单，新西兰土壤健康基准清单及阈值，日本的土壤环境标准清单（https://www.env.go.jp/en/water/wq/wemj/soil.html）。污染物合计853种。

5）补充清单

国家监测或专项调查污染物清单包括：2014年全国土壤污染状况调查公报监

测项目，土壤环境监测技术规范（HJ/T 166—2004），场地环境调查技术导则（HJ 25.1—2014），农田生态系统土壤环境数据库监测项目，农田土壤环境质量监测技术规范（NY/T 395—2012），太湖区域土壤环境数据库监测项目。污染物合计 72 种。

6.2.2　土壤环境初始污染物候选名单确定

通过调研国内外土壤基准和标准清单以及优控污染物清单收录情况（共计 5 个，污染物合计 1043 种），最终选取总收录次数≥4 或国内收录次数≥3 纳入初始污染物候选名单，共 72 种。初始污染物候选名单见表 6-1。

表 6-1　初始污染物候选名单

序号	CAS 号	英文名	污染物	中国土壤环境质量标准	中国有害污染物	国家监测	国外优先污染物	国外环境健康基准或标准	收录数
1	7440-47-3	Chromium	铬	√	√	√	√	√	5
2	7440-43-9	Cadmium	镉	√	√	√	√	√	5
3	7439-97-6	Mercury	汞	√	√	√	√	√	5
4	7439-92-1	Lead	铅	√	√	√	√	√	5
5	7440-38-2	Arsenic	砷	√	√	√	√	√	5
6	7440-50-8	Copper	铜	√	√	√	√	√	5
7	71-43-2	Benzene	苯	√	√	√	√	√	5
8	76-44-8	Heptachloro	七氯	√	√	√	√	√	5
9	7440-02-0	Nickel	镍	√	√	√	√	√	5
10	91-20-3	Naphthalene	萘	√	√	√	√	√	5
11	58-89-9	Hexachlorocyolohexane	六六六	√	√	√	√	√	5
12	57-12-5	Cyanide	氰化物（CN—）	√	√	√	√	√	5
13	50-32-8	Benzo[a]pyrene	苯并[a]芘	√	√	√	√	√	5
14	50-29-3	DDT	滴滴涕	√	√	√	√	√	5
15	309-00-2	Aldrin	艾氏剂	√	√	√	√	√	5
16	207-08-9	Benzo[k]fluoranthene	苯并[k]荧蒽	√	√	√	√	√	5
17	206-44-0	Fluoranthene	荧蒽	√	√	√	√	√	5
18	205-99-2	Benzo[b]fluoranthene	苯并[b]荧蒽	√	√	√	√	√	5

续表

序号	CAS 号	英文名	污染物	中国土壤环境质量标准	中国有害污染物	国家监测	国外优先污染物	国外环境健康基准或标准	收录数
19	193-39-5	Indeno [1,2,3-*cd*] pyrene	茚并[1,2,3-*cd*]芘	√	√	√	√	√	5
20	1336-36-3	Polychlorinated biphenyls	多氯联苯	√	√	√		√	4
21	191-24-2	Benzo[*g,h,i*]perylene	苯并[*g,h,i*]芘	√	√	√	√		4
22	98-95-3	Nitrobenzene	硝基苯	√	√		√	√	4
23	95-50-1	1,2-Dichlorobenzene	1,2-二氯苯	√	√		√	√	4
24	7440-66-6	Zinc	锌	√		√	√	√	4
25	7782-49-2	Selenium	硒	√		√	√	√	4
26	86-73-7	Fluorene	芴	√		√	√	√	4
27	218-01-9	Chrysene	䓛	√		√	√	√	4
28	129-00-0	Pyrene	芘	√		√	√	√	4
29	7439-98-7	Molybdenum	钼	√		√	√	√	4
30	7439-96-5	Manganese	锰	√		√	√	√	4
31	18540-29-9	Chromium（Ⅵ）	六价铬	√		√	√	√	4
32	7440-48-4	Cobalt	钴	√		√	√	√	4
33	85-01-8	Phenanthrene	菲	√			√	√	4
34	7440-62-2	Vanadium	钒	√		√	√	√	4
35	53-70-3	Dibenz[*a,h*]anthracene	二苯并[*a,h*]蒽	√		√	√	√	4
36	83-32-9	Acenaphthene	苊	√		√	√	√	4
37	72-20-8	Endrin	异狄氏剂	√	√		√	√	4
38	100-41-4	Ethylbenzene	乙苯	√			√	√	4
39	87-86-5	Pentachlorophenol	五氯酚	√	√		√	√	4
40	127-18-4	1,1,2,2-Tetrachloroethene	四氯乙烯	√	√		√	√	4
41	56-23-5	Tetrachloromethane	四氯化碳	√	√		√	√	4
42	79-01-6	trichloroethylene	三氯乙烯	√	√		√	√	4
43	67-66-3	Chloroform	三氯甲烷（氯仿）	√	√		√	√	4
44	7440-41-7	Beryllium	铍	√			√	√	4
45	2385-85-5	Mirex	灭蚁灵	√			√	√	4

续表

序号	CAS 号	英文名	污染物	中国土壤环境质量标准	中国有害污染物	国家监测	国外优先污染物	国外环境健康基准或标准	收录数
46	12789-03-6	Chlorodane	氯丹	√	√		√	√	4
47	108-90-7	Chlorobenzenes	氯苯	√	√		√	√	4
48	118-74-1	Hexachlorobenzene	六氯苯	√	√		√	√	4
49	115-29-7	Endosulfan	硫丹	√	√		√	√	4
50	84-74-2	Dibutylphthalate	邻苯二甲酸二丁酯	√	√		√	√	4
51	60-51-5	Dimethoate	乐果	√	√		√	√	4
52	108-88-3	Toluene	甲苯	√	√		√	√	4
53	75-09-2	Dichloromethane	二氯甲烷	√	√		√	√	4
54	8001-35-2	Toxaphene	毒杀芬	√	√		√	√	4
55	62-73-7	Dichlorvos	敌敌畏	√	√		√	√	4
56	60-57-1	Dieldrin	狄氏剂	√	√		√	√	4
57	108-95-2	Phenol	苯酚	√	√		√	√	4
58	62-53-3	Aniline	苯胺	√	√		√	√	4
59	1912-24-9	Atrazine	阿特拉津	√	√		√	√	4
60	621-64-7	*N*-Nitroso-di-*N*-propylamine	*N*-亚硝基二正丙胺	√	√		√	√	4
61	121-14-2	2,4-Dinitrotoluene	2,4-二硝基甲苯	√	√		√	√	4
62	120-83-2	2,4-Dichlorophenol	2,4-二氯酚	√	√		√	√	4
63	88-06-2	2,4,6-Trichlorophenol	2,4,6-三氯酚	√	√		√	√	4
64	106-46-7	1,4-Dichlorobenzene	1,4-二氯苯	√	√		√	√	4
65	106-93-4	1,2-Dibromoethane	1,2-二溴乙烷	√	√		√	√	4
66	107-06-2	1,2-Dichloroethane	1,2-二氯乙烷	√	√		√	√	4
67	79-00-5	1,1,2-Trichloroethane	1,1,2-三氯乙烷	√	√		√	√	4
68	79-34-5	1,1,2,2-Tetrachlorethane	1,1,2,2-四氯乙烷	√	√		√	√	4
69	71-55-6	1,1,1-Trichloroethane	1,1,1-三氯乙烷	√	√		√	√	4
70	75-34-3	1,1-Dichloroethane	1,1-二氯乙烷	√	√		√	√	4
71	75-25-2	Bromoform	溴仿（三溴甲烷）	√	√		√	√	4
72	106-42-3	*p*-Xylene	对二甲苯	√	√		√	√	4

6.3　土壤环境污染物候选名单

污染物候选名单的确定基于半定量的方法，选用污染物检出频率、污染物毒性和人群暴露 3 个参数作为筛选指标。各参数最高得分为 600 分，三者之和即为该污染物的总分，按分值高低排序形成污染物候选名单。

6.3.1　土壤污染物检出频率得分

污染物检出频率得分主要依据中国土壤数据库 11 种土壤类型 21 个监测点（表 6-2）的检出情况，并且参考近 6 年国内外公开发表的相关文献中初始候选污染物的检出频率。具体污染物检出频率得分是以所有污染物检出得分的最大值作为参考，计算见式（6-1）。初始候选污染物检出频率得分情况如表 6-3 所示。

$$污染物检出频率得分 = \frac{该污染物的检出次数}{所有污染物的最大检出次数} \times 600 \qquad （6-1）$$

表 6-2　土壤监测点分布情况

序号	土壤类型	合计	站点名称		
1	东北黑土	1	黑龙江省海伦市海伦镇	海伦综合观测场土壤、生物长期观测采样地	岗平地
2	棕土	2	辽宁省沈阳市苏家屯区十里河镇	沈阳站综合观测场水土生长期采样地	冲积平原
			广西壮族自治区环江县大才乡同进村木连屯	环江站旱地综合观测场	峰丛洼地
3	潮土	3	河南省封丘县潘店乡潘店村	封丘站综合观测场土壤生物采样地	黄泛冲积平原
			山东省禹城县市中街道办事处镇（乡）南北庄村	禹城站综合观测场长期观测采样地	黄河冲积平原洼坡地
			西藏自治区达孜县镇（乡）村	拉萨站综合观测场水土生联合长期观测采样地	洪积扇
4	风沙土	4	新疆维吾尔自治区和田地区策勒县	策勒站绿洲农田综合观测场长期采样地	策勒河冲积平原
			甘肃省临泽县平川镇（乡）五里墩村	临泽荒漠绿洲农业生态系统综合观测场水土生联合长期观测采样地	内陆河绿洲边缘区
			内蒙古自治区奈曼县大沁塔拉镇（乡）大柳树林场村	奈曼站农田生态系统综合观测场生物土壤采样地	冲积平原
			宁夏回族自治区中卫县镇（乡）沙坡头村	沙坡头站农田生态系统综合观测场土壤生物采样地	黄河二级阶地

续表

序号	土壤类型	合计		站点名称	
5	褐土	1	河北省石家庄（市/自治区）栾城县城关镇（乡）聂家庄村	栾城站水土生联合长期观测采样地	山前平原
6	水稻土	4	江苏省常熟县辛庄镇（乡）东塘村	常熟站综合观测场水土生联合长期观测采样地	低洼湖荡平原
			江西省泰和县灌溪镇（乡）千·烟洲站	千·烟洲站综合观测场土壤生物采样地	丘间洼地
			湖南省桃源县漳江镇宝洞峪村	桃源站稻田综合观测场水土生联合观测采样地	冲垅梯田
			江西省余江县刘家站镇（乡）一分场村	鹰潭站水田生态系统综合观测长期采样地	红壤低丘坡谷地；谷坡边沿，梯田，微地形平坦
7	红壤	1	江西省余江县刘家站镇（乡）一分场村	鹰潭站水田生态系统综合观测长期采样地	红壤低丘坡谷地；谷坡边沿，梯田，微地形平坦
8	黑垆土	1	陕西省长武县洪家镇（乡）王东村	长武综合观测场土壤生物采样地	黄土高原塬面
9	紫色土	1	四川省盐亭县林山镇（乡）截流村	盐亭站综合观测场土壤生物采样地	深丘低山
10	灰漠土	2	新疆维吾尔自治区阜康县222团镇（乡）团部村	阜康站综合观测场水土生长期采样地	为平坦的冲积平原中的绿洲农田
			新疆维吾尔自治区农一师（县）八团（乡镇）	阿克苏站农田生态系统综合观测场	大河（阿克苏河）冲积平原
11	黄绵土	1	陕西省安塞县真武洞镇（乡）村	安塞站川地综合观测土壤生物采样地	黄土丘陵沟壑

6.3.2　土壤污染物毒性得分

污染物的毒性主要考虑污染物对人群的健康毒性，分成急性毒性效应和慢性毒性效应。急性毒性考虑 GHS 健康危害类别中的急性毒性（含口服、吸入和皮肤）、皮肤腐蚀刺激、严重眼损伤/眼刺激和单次接触特异性靶器官毒性。慢性毒性效应包括：致癌性、生殖毒性和其他慢性毒性（反复接触特异性靶器官毒性）。

污染物毒性类别的分级主要参考欧洲化学品管理局（ECHA）、美国环境保护局的综合风险信息系统（IRIS）、国际癌症研究机构（IARC）和化学物质毒性数据库。根据其风险等级的高、中、低和零别计 3 分（强毒性）、2 分（毒性）、1 分（有害）和 0 分。初始候选污染物检出频率得分见表 6-3。

表 6-3 初始候选污染物检出频率得分

CAS 编号	英文名称	污染物	东北黑土	棕土	潮土	风沙土	褐土	水稻土	红壤	黑垆土	紫色土	灰漠土	黄绵土	检出合计	污染物检出率得分
7440-47-3	Chromium	铬	1	2	3	4	1	4	1	1	1	2	1	21	600
7440-43-9	Cadmium	镉	1	2	3	4	1	4	1	1	1	2	1	21	600
7439-97-6	Mercury	汞	1	2	3	4	1	4	1	1	1	2	1	21	600
7439-92-1	Lead	铅	1	2	3	4	1	4	1	1	1	2	1	21	600
7440-38-2	Arsenic	砷	1	2	3	4	1	4	1	1	1	2	1	21	600
7440-50-8	Copper	铜	1	2	3	4	1	4	1	1	1	2	1	21	600
71-43-2	Benzene	苯	1	1							1			2	57
76-44-8	Heptachloro	七氯			2		1	2				1		7	200
7440-02-0	Nickel	镍	1	2	3	4	1	4	1	1	1	2	1	21	600
91-20-3	Naphthalene	萘						2						2	57
58-89-9	Hexachlorocyclohexane	六六六			3	1	1	4				1		11	314
57-12-5	Cyanide	氰化物（CN—）		1	1	1		2				1		5	143
50-32-8	Benzo[a]pyrene	苯并[a]芘						2						2	57
50-29-3	DDT	滴滴涕		2	3	2	1	1						9	257
309-00-2	Aldrin	艾氏剂					1	1	1					2	57.
207-08-9	Benzo[k]fluoranthene	苯并[k]荧蒽						2						2	57
206-44-0	Fluoranthene	荧蒽						2						2	57
205-99-2	Benzo[b]fluoranthene	苯并[b]荧蒽						2						2	57
193-39-5	Indeno [1,2,3-cd] pyrene	茚并[1,2,3-cd]芘						2						2	57

续表

CAS编号	英文名称	污染物	东北黑土	棕土	潮土	风沙土	褐土	水稻土	红壤	黑炉土	紫色土	灰漠土	黄绵土	检出合计	污染物检出率得分
1336-36-3	Polychlorinated biphenyls	多氯联苯						3						3	86
191-24-2	Benzo[g,h,i]perylene	苯并[g,h,i]芘				2								2	57
98-95-3	Nitrobenzene	硝基苯		1		2								3	86
95-50-1	1,2-Dichlorobenzene	1,2-二氯苯					1							1	29
7440-66-6	Zinc	锌	1	2	3	4	1	4		1	1	2	1	21	600
7782-49-2	Selenium	硒	1	2	3	4	1	4		1	1	2	1	21	600
86-73-7	Fluorene	芴						2						2	57
218-01-9	Chrysene	䓛						2						2	57
129-00-0	Pyrene	芘						2						2	57
7439-98-7	Molybdenum	钼			1									1	29
7439-96-5	Manganese	锰	1	2	3	4	1	4	1	1	1	2	1	21	600
18540-29-9	Chromium（Ⅵ）	六价铬	1	2	3	4	1	4	1	1	1	2	1	21	600
7440-48-4	Cobalt	钴	1	2	3	4	1	4	1	1	1	2	1	21	600
85-01-8	Phenanthrene	菲						1						1	29
7440-62-2	Vanadium	钒		1					1		1			3	86
53-70-3	Dibenz[a,h]anthracene	二苯并[a,h]蒽						1						1	29
83-32-9	Acenaphthene	苊						1						1	29
72-20-8	Endrin	异狄氏剂		1	1			2			1		1	6	171
100-41-4	Ethylbenzene	乙苯	1	1	1		1							4	114

续表

CAS编号	英文名称	污染物	东北黑土	棕土	潮土	风沙土	褐土	水稻土	红壤	黑垆土	紫色土	灰漠土	黄绵土	检出合计	污染物检出率得分
87-86-5	Pentachlorophenol	五氯酚					1							1	29
127-18-4	1,1,2,2-Tetrachloroethene	四氯乙烯			1		1							2	57
56-23-5	Tetrachloromethane	四氯化碳					1							1	29
79-01-6	Trichloroethylene	三氯乙烯					1							1	29
67-66-3	Chloroform	三氯甲烷（氯仿）					1	1						2	57
7440-41-7	Beryllium	铍		1	1	1	1	2						6	171
2385-85-5	Mirex	灭蚁灵					1	1						2	57
12789-03-6	Chlordane	氯丹			1	1		3				1		6	171
108-90-7	Chlorobenzenes	氯苯					1	1						2	57
118-74-1	Hexachlorobenzene	六氯苯	1	1		2	1	3	1		1			10	286
115-29-7	Endosulfan	硫丹				1	1	2	1			1		5	143
84-74-2	Dibutylphthalate	邻苯二甲酸二丁酯		1			1	1						2	57
60-51-5	Dimethoate	乐果			2		1	2	1					6	171
108-88-3	Toluene	甲苯	1	1	1		1							4	114
75-09-2	Dichloromethane	二氯甲烷					1							1	29
8001-35-2	Toxaphene	毒杀芬									1			1	29
62-73-7	Dichlorvos	敌敌畏		1	2		1	1						5	143
60-57-1	Dieldrin	狄氏剂					1	1	1					2	57
108-95-2	Phenol	苯酚					1	2						3	86

续表

CAS 编号	英文名称	污染物	东北黑土	棕土	潮土	风沙土	褐土	水稻土	红壤	黑炉土	紫色土	灰漠土	黄绵土	检出合计	污染物检出率得分
62-53-3	Aniline	苯胺	1	1	2									4	114
1912-24-9	Atrazine	阿特拉津				1		1				1		3	86
621-64-7	N-Nitroso-di-N-propylamine	N-亚硝基二正丙胺		2	1	1		2						6	171
121-14-2	2,4-Dinitrotoluene	2,4-二硝基甲苯				1								1	29
120-83-2	2,4-Dichlorophenol	2,4-二氯酚												0	0
88-06-2	2,4,6-Trichlorophenol	2,4,6-三氯酚												0	0
106-46-7	1,4-Dichlorobenzene	1,4-二氯苯						1					1	2	57
106-93-4	1,2-Dibromoethane	1,2-二溴乙烷					1							1	29
107-06-2	1,2-Dichloroethane	1,2-二氯乙烷			2		2							4	114
79-00-5	1,1,2-Trichloroethane	1,1,2-三氯乙烷					1							1	29
79-34-5	1,1,2,2-Tetrachlorethane	1,1,2,2-四氯乙烷					1							1	29
71-55-6	1,1,1-Trichloroethane	1,1,1-三氯乙烷					1							1	29
75-34-3	1,1-Dichloroethane	1,1-二氯乙烷					1							1	29
75-25-2	Bromoform	溴仿（三溴甲烷）					1							1	29
106-42-3	p-Xylene	对二甲苯	1		1		1							3	86

污染物毒性效应得分可由下列 3 步获得：

$$慢性毒性得分=\frac{致癌性计分+生殖毒性计分+其他慢性毒性计分}{3} \qquad （6-2）$$

$$污染物毒性得分=\frac{急性毒性得分+慢性毒性得分}{2} \qquad （6-3）$$

$$毒性效应得分=\frac{该污染物毒性得分}{污染物毒性得分最高值}×600 \qquad （6-4）$$

土壤环境中 72 种污染物候选名单的毒性得分见表 6-4。

表 6-4　污染物候选名单的毒性得分情况

序号	中文名	英文名	CAS 编号	急性毒性	慢性毒性			毒性得分
					致癌性	生殖毒性	其他慢性毒性	
1	7440-47-3	Chromium	铬	2	1	2	2	388
2	7440-43-9	Cadmium	镉	3	3	2	3	600
3	7439-97-6	Mercury	汞	3	1	2	3	529
4	7439-92-1	Lead	铅	1	2	3	2	353
5	7440-38-2	Arsenic	砷	2	3	2	2	459
6	7440-50-8	Copper	铜	2	0	0	2	282
7	71-43-2	Benzene	苯	3	3	0	3	529
8	76-44-8	Heptachloro	七氯	2	2	0	2	353
9	7440-02-0	Nickel	镍	0	2	0	3	176
10	91-20-3	Naphthalene	萘	1	2	0	0	176
11	58-89-9	Hexachlorocyolohexane	六六六	2	0	0	2	282
12	57-12-5	Cyanide	氰化物（CN—）	—	0	0	0	0
13	50-32-8	Benzo[a]pyrene	苯并[a]芘	0	3	2	2	247
14	50-29-3	DDT	滴滴涕	2	1	0	3	353
15	309-00-2	Aldrin	艾氏剂	3	2	0	3	494
16	207-08-9	Benzo[k]fluoranthene	苯并[k]荧蒽	0	2	0	0	71
17	206-44-0	Fluoranthene	荧蒽	0	1	0	0	35
18	205-99-2	Benzo[b]fluoranthene	苯并[b]荧蒽	0	2	0	0	71
19	193-39-5	Indeno [1,2,3-cd] pyrene	茚并[1,2,3-cd]芘	0	2	0	0	71

序号	CAS 编号	英文名	中文名	急性毒性	慢性毒性			毒性得分
					致癌性	生殖毒性	其他慢性毒性	
20	1336-36-3	Polychlorinated biphenyls	多氯联苯	1	0	0	2	176
21	191-24-2	Benzo[g,h,i]perylene	苯并[g,h,i]芘	0	1	0	0	35
22	98-95-3	Nitrobenzene	硝基苯	2	1	2	3	424
23	95-50-1	1,2-Dichlorobenzene	1,2-二氯苯	2	1	0	2	318
24	7440-66-6	Zinc	锌	0	0	0	2	71
25	7782-49-2	Selenium	硒	2	1	0	2	318
26	86-73-7	Fluorene	芴	2	1	0	0	247
27	218-01-9	Chrysene	䓛	0	2	0	0	71
28	129-00-0	Pyrene	芘	2	1	0	0	247
29	7439-98-7	Molybdenum	钼	0	0	1	0	35
30	7439-96-5	Manganese	锰	3	0	2	3	494
31	18540-29-9	Chromium（Ⅵ）	六价铬	0	3	0	2	176
32	7440-48-4	Cobalt	钴	3	2	0	2	459
33	85-01-8	Phenanthrene	菲	1	1	0	0	141
34	7440-62-2	Vanadium	钒	0	0	0	0	0
35	53-70-3	Dibenz[a,h]anthracene	二苯并[a,h]蒽	0	2	0	0	71
36	83-32-9	Acenaphthene	苊	2	1	0	0	247
37	72-20-8	Endrin	异狄氏剂	3	1	0	0	353
38	100-41-4	Ethylbenzene	乙苯	3	2	0	2	459
39	87-86-5	Pentachlorophenol	五氯酚	3	3	0	2	494
40	127-18-4	1,1,2,2- Tetrachloroethene	四氯乙烯	2	2	0	2	353
41	56-23-5	Tetrachloromethane	四氯化碳	2	2	0	3	388
42	79-01-6	Trichloroethylene	三氯乙烯	2	3	1	2	424
43	67-66-3	Chloroform	三氯甲烷（氯仿）	2	2	1	3	424
44	7440-41-7	Beryllium	铍	3	3	0	3	529
45	2385-85-5	Mirex	灭蚁灵	0	2	1	0	106
46	12789-03-6	Chlorodane	氯丹	1	1	0	0	141
47	108-90-7	Chlorobenzenes	氯苯	3	0	0	2	388

续表

序号	中文名	英文名	CAS 编号	急性毒性	慢性毒性			毒性得分
					致癌性	生殖毒性	其他慢性毒性	
48	118-74-1	Hexachlorobenzene	六氯苯	0	2	0	3	176
49	115-29-7	Endosulfan	硫丹	3	0	0	0	318
50	84-74-2	Dibutylphthalate	邻苯二甲酸二丁酯	0	0	2	0	71
51	60-51-5	Dimethoate	乐果	1	0	0	2	176
52	108-88-3	Toluene	甲苯	3	1	1	2	459
53	75-09-2	Dichloromethane	二氯甲烷	3	2	0	2	459
54	8001-35-2	Toxaphene	毒杀芬	2	2	0	1	318
55	62-73-7	Dichlorvos	敌敌畏	3	2	0	2	459
56	60-57-1	Dieldrin	狄氏剂	3	2	0	3	494
57	108-95-2	Phenol	苯酚	3	1	0	2	424
58	62-53-3	Aniline	苯胺	3	1	0	3	459
59	1912-24-9	Atrazine	阿特拉津	2	1	0	2	318
60	621-64-7	N-Nitrosodipropylamine	N-亚硝基二正丙胺	1	2	0	0	176
61	121-14-2	2,4-Dinitrotoluene	2,4-二硝基甲苯	2	2	1	2	388
62	120-83-2	2,4-Dichlorophenol	2,4-二氯酚	3	0	0	2	318
63	88-06-2	2,4,6-Trichlorophenol	2,4,6-三氯酚	2	2	0	2	353
64	106-46-7	1,4-Dichlorobenzene	1,4-二氯苯	2	2	0	2	353
65	106-93-4	1,2-Dibromoethane	1,2-二溴乙烷	2	3	0	1	353
66	107-06-2	1,2-Dichloroethane	1,2-二氯乙烷	2	2	0	2	353
67	79-00-5	1,1,2-Trichloroethane	1,1,2-三氯乙烷	2	1	0	0	247
68	79-34-5	1,1,2,2-Tetrachlorethane	1,1,2,2-四氯乙烷	3	2	0	0	388
69	71-55-6	1,1,1-Trichloroethane	1,1,1-三氯乙烷	1	1	0	2	212
70	75-34-3	1,1-Dichloroethane	1,1-二氯乙烷	2	0	0	1	247
71	75-25-2	Bromoform	溴仿（三溴甲烷）	2	1	0	0	247
72	106-42-3	p-Xylene	对二甲苯	2	1	0	1	282

6.3.3　土壤中人群暴露得分

土壤环境中污染物对人群的暴露得分主要考虑经消化道摄入及皮肤接触途径。暴露剂量的计算式见式（6-5）至式（6-9）。

$$ADD = \frac{IR_{oral} \times EF_{oral} \times ED_{oral}}{BW \times AT} + \frac{IR_{inh} \times EF_{inh} \times ED_{inh}}{BW \times AT} + \frac{IR_{dermal} \times EF_{dermal} \times ED_{dermal}}{BW \times AT}$$

（6-5）

$$IR_{oral} = C_{soil} \times SDR$$ （6-6）

$$IR_{inh} = C_{soil} \times EF \times R_V$$ （6-7）

$$IR_{dermal} = AAD \times A_s$$ （6-8）

$$AAD = SSAR_c \times E_v \times ABS_d$$ （6-9）

式中：IR——暴露速率，即日均摄入量（mg/d）；

EF——暴露频率（d/a）；

ED——暴露持续年数（a）；

BW——体重（kg）；

AT——平均暴露时间（d）；

inh、oral、dermal——经呼吸、经口、经皮肤暴露；

C_{soil}——土壤/尘中污染物的浓度（mg/kg）；

SDR——土壤/尘日均摄入率（g/d），取值为0.0945；

R_V——日均空气呼吸量（m³/d），为12.7；

AAD——单位皮肤面积污染物日平均吸附量；

A_s——暴露的皮肤面积（cm²），为13225；

$SSAR_c$——儿童皮肤表面土壤黏附系数（mg/cm²），取值为0.2；

ABS_d——皮肤对污染物的吸收因子，无量纲；

E_v——每日皮肤接触事件频率，取值为1。

土壤环境中污染物的浓度（C, mg/kg）主要由两种途径获取，其中无机物（重金属）浓度主要来自中国土壤数据库，有机物浓度主要调研近6年公开发表的文献或报道，汇总文献报道浓度的中位值或平均值，最终选取统计的中位值。土壤环境初始候选污染物的人群暴露得分见表6-5。

表 6-5　初始候选污染物的人群暴露得分

序号	CAS 号	英文名	中文名	土壤中浓度（mg/kg）	人群暴露得分
1	7440-47-3	Chromium	铬	59.43	61.4
2	7440-43-9	Cadmium	镉	0.12	0.12
3	7439-97-6	Mercury	汞	0.25	0.26
4	7439-92-1	Lead	铅	20.935	21.6
5	7440-38-2	Arsenic	砷	9.94	10.3
6	7440-50-8	Copper	铜	23.415	24.2
7	71-43-2	Benzene	苯	0.216	207
8	76-44-8	heptachloro	七氯	0.0048	59.3
9	7440-02-0	Nickel	镍	29	30.0
10	91-20-3	Naphthalene	萘	0.0135	84.0
11	58-89-9	Hexachlorocyolohexane	六六六	0.005815	60.3
12	57-12-5	Cyanide	氰化物（CN—）	0.23	220
13	50-32-8	Benzo[*a*]pyrene	苯并[*a*]芘	0.0141	84.6
14	50-29-3	DDT	滴滴涕	0.015	85.5
15	309-00-2	Aldrin	艾氏剂	0.000125	71.2
16	207-08-9	Benzo[*k*]fluoranthene	苯并[*k*]荧蒽	0.0500	119
17	206-44-0	Fluoranthene	荧蒽	0.0514	120
18	205-99-2	Benzo[*b*]fluoranthene	苯并[*b*]荧蒽	0.0184	88.7
19	193-39-5	Indeno [1,2,3-*cd*] pyrene	茚并[1,2,3-*cd*]芘	0.131	197
20	1336-36-3	Polychlorinated biphenyls	多氯联苯	0.06317	137
21	191-24-2	Benzo[*g,h,i*]perylene	苯并[*g,h,i*]芘	0.0227	92.9
22	98-95-3	Nitrobenzene	硝基苯	0.385	369
23	95-50-1	1,2-Dichlorobenzene	1,2-二氯苯	0.0082	78.6
24	7440-66-6	Zinc	锌	61.915	64.0
25	7782-49-2	Selenium	硒	0.18	172
26	86-73-7	Fluorene	芴	0.034	104
27	218-01-9	Chrysene	䓛	0.02225	92.4
28	129-00-0	Pyrene	芘	0.299755	358
29	7439-98-7	Molybdenum	钼	0.63	0.65

续表

序号	CAS 号	英文名	中文名	土壤中浓度（mg/kg）	人群暴露得分
30	7439-96-5	Manganese	锰	580.88	600
31	18540-29-9	Chromium（Ⅵ）	六价铬	0.003215	0.003
32	7440-48-4	Cobalt	钴	10.5	10.8
33	85-01-8	Phenanthrene	菲	0.0353	105
34	7440-62-2	Vanadium	钒	0.0164	0.09
35	53-70-3	Dibenz[a,h]anthracene	二苯并[a,h]蒽	0.00795	78.7
36	83-32-9	Acenaphthene	苊	0.0215	91.7
37	72-20-8	Endrin	异狄氏剂	0.00485	59.3
38	100-41-4	Ethylbenzene	乙苯	0.028	26.8
39	87-86-5	Pentachlorophenol	五氯酚	0.1151	247
40	127-18-4	1,1,2,2-Tetrachloroethene	四氯乙烯	0.008545	8.19
41	56-23-5	Tetrachloromethane	四氯化碳	0.2985	286
42	79-01-6	trichloroethylene	三氯乙烯	0.0418	40.1
43	67-66-3	Chloroform	三氯甲烷（氯仿）	0.484	464
44	7440-41-7	Beryllium	铍	2.3	2.38
45	2385-85-5	Mirex	灭蚁灵	0.061	113
46	12789-03-6	Chlorodane	氯丹	0.000379	22.2
47	108-90-7	Chlorobenzenes	氯苯	0.00254	2.43
48	118-74-1	Hexachlorobenzene	六氯苯	0.00167	56.3
49	115-29-7	Endosulfan	硫丹	0.0015	56.1
50	84-74-2	Dibutylphthalate	邻苯二甲酸二丁酯	0.00955	63.8
51	60-51-5	Dimethoate	乐果	0.011805	66.0
52	108-88-3	Toluene	甲苯	0.626	600
53	75-09-2	Dichloromethane	二氯甲烷	0.126	121
54	8001-35-2	Toxaphene	毒杀芬	0.00083	55.5
55	62-73-7	Dichlorvos	敌敌畏	0.00066	55.3
56	60-57-1	Dieldrin	狄氏剂	0.00006	54.7
57	108-95-2	Phenol	苯酚	0.189	236
58	62-53-3	Aniline	苯胺	0.4	438

序号	CAS 号	英文名	中文名	土壤中浓度（mg/kg）	人群暴露得分
59	1912-24-9	Atrazine	阿特拉津	0.07	122
60	621-64-7	*N*-Nitrosodipropylamine	*N*-亚硝基二正丙胺	0.532	565
61	121-14-2	2,4-Dinitrotoluene	2,4-二硝基甲苯	0.1646	214
62	120-83-2	2,4-Dichlorophenol	2,4-二氯酚	0.095	146
63	88-06-2	2,4,6-Trichlorophenol	2,4,6-三氯酚	0.06	57.5
64	106-46-7	1,4-Dichlorobenzene	1,4-二氯苯	0.00259	2.48
65	106-93-4	1,2-Dibromoethane	1,2-二溴乙烷	0.012135	11.6
66	107-06-2	1,2-Dichloroethane	1,2-二氯乙烷	0.1215	116
67	79-00-5	1,1,2-Trichloroethane	1,1,2-三氯乙烷	0.00366	3.51
68	79-34-5	1,1,2,2-Tetrachlorethane	1,1,2,2-四氯乙烷	0.00513	4.92
69	71-55-6	1,1,1-Trichloroethane	1,1,1-三氯乙烷	0.003985	3.82
70	75-34-3	1,1-Dichloroethane	1,1-二氯乙烷	0.00447	4.28
71	75-25-2	Bromoform	溴仿（三溴甲烷）	0.000264	54.9
72	106-42-3	*p*-Xylene	对二甲苯	0.04	38.3

6.3.4　土壤污染物健康风险综合得分

　　污染物健康风险综合得分的计算见式（6-10），即污染物检出频率、污染物毒性以及人群暴露三项得分和即为污染物的综合得分。

$$PNEC = EFS_{en} + EFS_t + EFS_h \tag{6-10}$$

　　土壤环境初始候选污染物健康风险综合得分详见表 6-6。

表 6-6　土壤环境中初始候选污染物健康风险综合得分

序号	CAS 编号	英文名	污染物	检出率得分	毒性得分	人体暴露得分	综合得分
1	7440-47-3	Chromium	铬	600	388	61.4	1049
2	7440-43-9	Cadmium	镉	600	600	0.12	1200
3	7439-97-6	Mercury	汞	600	529	0.26	1129
4	7439-92-1	Lead	铅	600	353	21.6	975

续表

序号	CAS 编号	英文名	污染物	检出率得分	毒性得分	人体暴露得分	综合得分
5	7440-38-2	Arsenic	砷	600	459	10.3	1069
6	7440-50-8	Copper	铜	600	282	24.2	906
7	71-43-2	Benzene	苯	57	529	207	793
8	76-44-8	Heptachloro	七氯	200	353	59.3	612
9	7440-02-0	Nickel	镍	600	176	30.0	806
10	91-20-3	Naphthalene	萘	57	176	84.0	317
11	58-89-9	Hexachlorocyolohexane	六六六	314	282	60.3	656
12	57-12-5	Cyanide	氰化物（CN—）	143	0	220	363
13	50-32-8	Benzo[a]pyrene	苯并[a]芘	57	247	84.6	389
14	50-29-3	DDT	滴滴涕	257	353	85.5	696
15	309-00-2	Aldrin	艾氏剂	57.	494	71.2	622
16	207-08-9	Benzo[k]fluoranthene	苯并[k]荧蒽	57	71	119	247
17	206-44-0	Fluoranthene	荧蒽	57	35	120	212
18	205-99-2	Benzo[b]fluoranthene	苯并[b]荧蒽	57	71	88.7	217
19	193-39-5	Indeno [1,2,3-cd] pyrene	茚并[1,2,3-cd]芘	57	71	197	325
20	1336-36-3	Polychlorinated biphenyls	多氯联苯	86	176	137	399
21	191-24-2	Benzo[g,h,i]perylene	苯并[g,h,i]芘	57	35	92.9	185
22	98-95-3	Nitrobenzene	硝基苯	86	424	369	879
23	95-50-1	1,2-Dichlorobenzene	1,2-二氯苯	29	318	78.6	426
24	7440-66-6	Zinc	锌	600	71	64.0	735
25	7782-49-2	Selenium	硒	600	318	172	1090
26	86-73-7	Fluorene	芴	57	247	104	408
27	218-01-9	Chrysene	䓛	57	71	92.4	220
28	129-00-0	Pyrene	芘	57	247	358	662
29	7439-98-7	Molybdenum	钼	29	35	0.65	65
30	7439-96-5	Manganese	锰	600	494	600	1694
31	18540-29-9	Chromium（Ⅵ）	六价铬	600	176	0.003	776
32	7440-48-4	Cobalt	钴	600	459	10.8	1070
33	85-01-8	Phenanthrene	菲	29	141	105	275

续表

序号	CAS 编号	英文名	污染物	检出率得分	毒性得分	人体暴露得分	综合得分
34	7440-62-2	Vanadium	钒	86	0	0.09	86
35	53-70-3	Dibenz[a,h]anthracene	二苯并[a,h]蒽	29	71	78.7	179
36	83-32-9	Acenaphthene	苊	29	247	91.7	368
37	72-20-8	Endrin	异狄氏剂	171	353	59.3	583
38	100-41-4	Ethylbenzene	乙苯	114	459	26.8	600
39	87-86-5	Pentachlorophenol	五氯酚	29	494	247	770
40	127-18-4	1,1,2,2- Tetrachloroethene	四氯乙烯	57	353	8.19	418
41	56-23-5	Tetrachloromethane	四氯化碳	29	388	286	703
42	79-01-6	Trichloroethylene	三氯乙烯	29	424	40.1	493
43	67-66-3	Chloroform	三氯甲烷（氯仿）	57	424	464	945
44	7440-41-7	Beryllium	铍	171	529	2.38	702
45	2385-85-5	Mirex	灭蚁灵	57	106	113	276
46	12789-03-6	Chlorodane	氯丹	171	141	22.2	334
47	108-90-7	Chlorobenzenes	氯苯	57	388	2.43	447
48	118-74-1	Hexachlorobenzene	六氯苯	286	176	56.3	518
49	115-29-7	endosulfan	硫丹	143	318	56.1	517
50	84-74-2	Dibutylphthalate	邻苯二甲酸二丁酯	57	71	63.8	192
51	60-51-5	Dimethoate	乐果	171	176	66.0	413
52	108-88-3	Toluene	甲苯	114	459	600	1173
53	75-09-2	Dichloromethane	二氯甲烷	29	459	121	609
54	8001-35-2	Toxaphene	毒杀芬	29	318	55.5	403
55	62-73-7	Dichlorvos	敌敌畏	143	459	55.3	657
56	60-57-1	Dieldrin	狄氏剂	57	494	54.7	606
57	108-95-2	Phenol	苯酚	86	424	236	746
58	62-53-3	Aniline	苯胺	114	459	438	1011
59	1912-24-9	atrazine	阿特拉津	86	318	122	526
60	621-64-7	N-Nitrosodipropylamine	N-亚硝基二正丙胺	171	176	565	912
61	121-14-2	2,4-Dinitrotoluene	2,4-二硝基甲苯	29	388	214	631
62	120-83-2	2,4-Dichlorophenol	2,4-二氯酚	0	318	146	464

续表

序号	CAS 编号	英文名	污染物	检出率得分	毒性得分	人体暴露得分	综合得分
63	88-06-2	2,4,6-Trichlorophenol	2,4,6-三氯酚	0	353	57.5	411
64	106-46-7	1,4-Dichlorobenzene	1,4-二氯苯	57	353	2.48	412
65	106-93-4	1,2-Dibromoethane	1,2-二溴乙烷	29	353	11.6	394
66	107-06-2	1,2-Dichloroethane	1,2-二氯乙烷	114	353	116	583
67	79-00-5	1,1,2-Trichloroethane	1,1,2-三氯乙烷	29	247	3.51	280
68	79-34-5	1,1,2,2-Tetrachlorethane	1,1,2,2-四氯乙烷	29	388	4.92	422
69	71-55-6	1,1,1-Trichloroethane	1,1,1-三氯乙烷	29	212	3.82	245
70	75-34-3	1,1-Dichloroethane	1,1-二氯乙烷	29	247	4.28	280
71	75-25-2	Bromoform	溴仿（三溴甲烷）	29	247	54.9	331
72	106-42-3	*p*-Xylene	对二甲苯	86	282	38.3	406

6.4　土壤环境基准污染物清单

　　根据污染物健康风险综合得分情况，结合对污染物的专业判断，最终选取得分≥600分以上的污染物作为污染物候选名单，总计31种，其中13种重金属、6种农药、3种卤代烃类、2种苯系物、2种硝基苯类、2种酚类、1种苯胺类、1种亚硝酸胺类、1种多环芳烃，详见表6-7。在环境管理中，最终土壤环境基准污染物清单的确定还需征求专家、管理部门和公众意见。

表 6-7　土壤环境基准污染物清单

类别	CAS 号	英文名	中文名	综合得分	排序
重金属（13 种）	7439-96-5	Manganese	锰	1694	1
	7440-43-9	Cadmium	镉	1200	2
	7439-97-6	Mercury	汞	1130	4
	7782-49-2	Selenium	硒	1090	5
	7440-48-4	Cobalt	钴	1070	6
	7440-38-2	Arsenic	砷	1069	7
	7440-47-3	Chromium	铬	1050	8
	7439-92-1	Lead	铅	975	10

类别	CAS 号	英文名	中文名	综合得分	排序
重金属（13 种）	7440-50-8	Copper	铜	907	13
	7440-02-0	Nickel	镍	806	15
	18540-29-9	Chromium（Ⅵ）	六价铬	776	17
	7440-66-6	Zinc	锌	735	20
	7440-41-7	Beryllium	铍	703	21
苯系物（2 种）	108-88-3	Toluene	甲苯	1173	3
	71-43-2	Benzene	苯	794	16
苯胺类（1 种）	62-53-3	Aniline	苯胺	1011	9
卤代烃类（3 种）	67-66-3	Chloroform	三氯甲烷（氯仿）	945	11
	56-23-5	Tetrachloromethane	四氯化碳	703	22
	75-09-2	Dichloromethane	二氯甲烷	608	30
亚硝酸胺类（1 种）	621-64-7	N-Nitrosodipropylamine	N-亚硝基二正丙胺	912	12
硝基苯类	98-95-3	Nitrobenzene	硝基苯	878	14
	121-14-2	2,4-Dinitrotoluene	2,4-二硝基甲苯	630	27
酚类	87-86-5	Pentachlorophenol	五氯酚	770	18
	108-95-2	Phenol	苯酚	745	19
农药类（6 种）	50-29-3	DDT	滴滴涕	696	23
	62-73-7	Dichlorvos	敌敌畏	657	25
	58-89-9	Hexachlorocyolohexane	六六六	657	26
	309-00-2	Aldrin	艾氏剂	622	28
	76-44-8	Heptachloro	七氯	612	29
	60-57-1	Dieldrin	狄氏剂	606	31
多环芳烃（1 种）	129-00-0	Pyrene	芘	663	24

第 7 章　保护人体健康的大气环境基准污染物筛选

7.1　大气环境基准污染物筛选技术与方法

我国大气环境健康基准污染物清单的制定首先基于对国内外相关大气环境污染物清单的综合分析，按照污染物总收录次数的多少决定纳入初始污染物候选名单；然后通过半定量的方法，计算污染物健康风险综合得分。最终通过专家评判，并征求管理部门和公众意见确定目标污染物清单。清单编制程序包括：①初始污染物候选名单确定；②污染物候选名单确定；③基准污染物清单确定（表 7-1）。

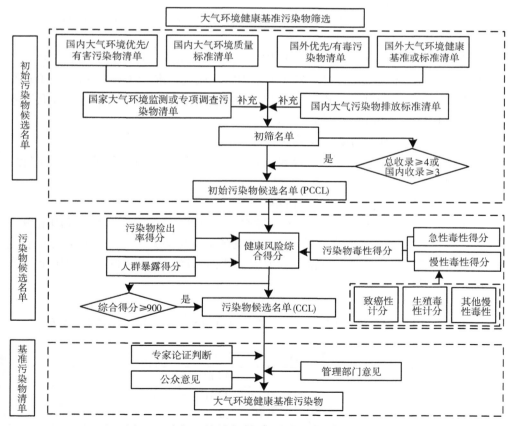

图 7-1　大气环境健康基准污染物清单制定流程图

7.2　大气环境初始污染物候选名单

现有大气环境污染物清单主要包括大气环境优先控制/有毒污染物清单、大气环境质量标准清单、环境健康基准（或标准）清单以及污染物排放标准清单等类别，此外，国家监测或专项调查也提供了一些污染物清单。

7.2.1　大气环境污染物清单选择

大气环境污染物清单主要在国内大气环境优先控制/有毒污染物清单，国内环境质量标准清单，国外优先控制污染物清单，国外环境健康基准或标准清单，国内污染物排放标准清单，国家监测或专项调查污染物清单等多种现有清单中选择，具体如下：

1）国内大气环境优先/有毒污染物清单

选择清单 1 项，为我国大气污染物优先控制名单，包括污染物 86 种。

2）国内大气环境质量标准清单

选择相关清单 5 项，包括：《环境空气质量标准》（GB 3095—2012）、《工业企业设计卫生标准》（TJ36—79）、《室内空气质量标准》（GB/T18883—2002）、《乘用车内空气质量评价指南》（GB/T 27630—2011）、《车间空气中丙烯酸卫生标准》（GB 16213—1996）。污染物合计 43 种。

3）国外优先/有毒污染物清单

选择清单 2 项，包括美国 189 种有毒有害大气污染物和澳大利亚优先控制大气污染物。污染物合计 195 种。

4）国外环境健康基准或标准清单

选择清单 7 项，包括：WHO《环境空气质量准则》（第二版）、《美国洁净空气质量法案》、欧盟《环境空气质量标准及清洁空气法案》、《日本环境空气质量标准》、《新西兰环境空气质量标准》、《澳大利亚国家环境保护标准》、《英国空气质量阈值》。污染物合计 21 种。

5）补充清单

选择大气环境污染物排放标准 37 项，具体见表 7-1。污染物合计 53 种。

表 7-1　大气环境污染物排放标准

序号	排放标准
1	《再生铜、铝、铅、锌工业污染物排放标准》（GB 31574—2015）
2	《无机化学工业污染物排放标准》（GB 31573—2015）
3	《合成树脂工业污染物排放标准》（GB 31572—2015）

续表

序号	排放标准
4	《石油化学工业污染物排放标准》（GB 31571—2015）
5	《石油炼制工业污染物排放标准》（GB 31570—2015）
6	《锡、锑、汞工业污染物排放标准》（GB 30770—2014）
7	《船舶工业污染物排放标准》（GB 4286—84）
8	《电池工业污染物排放标准》（GB 30484—2013）
9	《煤炭工业污染物排放标准》（GB 20426—2006）
10	《煤焦化学工业污染物排放标准》（GB 16171—2012）
11	《铁合金工业污染物排放标准》（GB 28666—2012）
12	《铁矿采选工业污染物排放标准》（GB 28661—2012）
13	《稀土工业污染物排放标准》（GB 26451—2011）
14	《钒工业污染物排放标准》（GB 26452—2011）
15	《硫酸工业污染物排放标准》（GB 26132—2010）
16	《铅、锌工业污染物排放标准》（GB 25466—2010）
17	《铜、镍、钴工业污染物排放标准》（GB 25467—2010）
18	《镁、钛工业污染物排放标准》（GB 25468—2010）
19	《陶瓷工业污染物排放标准》（GB 25464—2010）
20	《电镀污染物排放标准》（GB 21900—2008）
21	《合成革与人造革工业污染物排放标准》（GB 21902—2008）
22	《大气污染物综合排放标准》（GB 16297—1996）
23	《恶臭污染物排放标准》（GB 14554—93）
24	《锅炉大气污染物排放标准》（GB 13271—2014）
25	《工业炉窑大气污染物排放标准》（GB 9078—1996）
26	《饮食业油烟排放标准（试行）》（GB 18483—2001）
27	《火葬场大气污染物排放标准》（GB 13801—2015）
28	《水泥大气污染物排放标准》（GB 4915—2013）
29	《砖瓦工业大气污染物排放标准》（GB 29620—2013）
30	《电子玻璃工业大气污染物排放标准》（GB 29495—2013）
31	《炼钢工业大气污染物排放标准》（GB 28664—2012）
32	《轧钢工业大气污染物排放标准》（GB 28665—2012）
33	《火电厂大气污染物排放标准》（GB 13223—2011）
34	《平板玻璃工业大气污染物排放标准》（GB 26453—2011）
35	《加油站大气污染物排放标准》（GB 20952—2007）
36	《汽油运输大气污染物排放标准》（GB 20951—2007）
37	《化学合成类制药大气污染物排放标准》

7.2.2 大气环境初始污染物候选名单确定

经过对污染物清单的综合分析，将污染物总收录次数大于等于 4 或者国内收录次数大于等于 3 的污染物纳入初始污染物候选名单，共有 39 种污染物进入初始污染物候选名单，详见表 7-2。

表 7-2 初始污染物候选名单

序号	CAS 号	中文名	英文名	国内标准	中国排放标准	监测或专项调查污染物	大气优控污染物推荐名单	国外标准	国外优控清单	收录总数	国内收录
1	71-43-2	苯	Benzene	√	√	√	√	√	√	6	4
2	107-13-1	丙烯腈	Acrylonitrile	√	√	√	√	√	√	6	4
3	108-88-3	甲苯	Methylbenzene	√	√	√	√	√	√	6	4
4	100-42-5	苯乙烯	Styrene	√	√	√	√	√		6	4
5	1330-20-7	二甲苯	Xylenes	√	√	√	√	√		6	4
6	—	汞	Mercury	√	√	√		√		5	4
7	7664-41-7	氨	Ammonia	√	√	√			√	5	4
8		砷	Arsenic	√	√	√		√		5	4
9	100-41-4	乙苯	Ethylbenzene	√	√	√		√		5	4
10	7782-50-5	氯气	Chlorine	√	√	√			√	5	4
11	50-00-0	甲醛	Formaldehyde	√		√	√	√		5	3
12	—	多环芳烃	Polycyclic aromatic hydrocarbons	√	√	√		√		5	3
13	7439-92-1	铅	Lead	√	√		√	√	√	4	4
14	10028-15-6	O$_3$	Ozone	√		√	√			4	3
15	—	PM$_{2.5}$	Fine particulate matter	√		√		√		4	3
16	7446-09-5	SO$_2$	Sulfur dioxide	√		√		√		4	3
17	—	PM$_{10}$	Inhalable particles	√		√		√		4	3
18	10102-44-0	NO$_2$	Nitrogen dioxide	√		√		√		4	3
19	7647-01-0	氯化氢	Hydrochloric acid	√	√	√			√	4	3
20	—	总悬浮颗粒物	Total suspended particulate	√	√	√			√	4	3
21	108-95-2	苯酚	Phenols	√	√	√			√	4	3
22	75-07-0	乙醛	Acetaldehyde	√	√		√	√		4	3

续表

序号	CAS 号	中文名	英文名	国内标准	中国排放标准	监测或专项调查污染物	大气优控污染物推荐名单	国外标准	国外优控清单	收录总数	国内收录
23	79-10-07	丙烯酸	Acrylic acid		√	√	√		√	4	3
24	108-90-7	氯苯类	Chlorobenzene		√	√	√		√	4	3
25	75-09-2	二氯甲烷	Methylene chloride		√	√	√		√	4	3
26	124-38-9	二氧化碳	Carbon dioxide	√	√		√		√	4	3
27	107-02-8	丙烯醛	Acrolein	√		√	√		√	4	3
28	98-95-3	硝基苯	Nitrobenzene	√		√	√		√	4	3
29	—	二噁英	Dioxin		√	√		√	√	4	2
30	79-01-6	三氯乙烯（TCE）	Trichloroethylene（TCE）			√	√	√	√	4	2
31	127-18-4	四氯乙烯	Tetrachloroethylene (Perchloroethylene)			√	√	√	√	4	2
32	75-01-4	氯乙烯	Vinyl chloride			√	√	√	√	4	2
33	107-06-2	1,2-二氯乙烷	1,2-Dichloroethane			√	√	√	√	4	2
34	106-99-0	1,3-丁二烯	1,3-Butadiene		√	√		√	√	4	2
35	—	镉化合物	Cadmium compounds		√	√		√	√	4	2
36	7782-41-4	氟	Fluoride	√	√	√				3	3
37	7664-93-9	硫酸雾	Sulphuric acid	√	√	√				3	3
38	50-32-8	苯并芘	Benzo[a]pyrene	√	√	√				3	3
39	630-08-0	CO	Carbon monoxide	√	√		√			3	3

7.3　大气环境污染物候选名单

针对初始污染物候选名单中的 39 种污染物，分别计算污染物检出频率得分、污染物毒性得分和人群暴露得分，每项最高得分 600 分，最后将三部分得分相加，即为健康风险综合得分，按照健康风险综合得分的高低排序，形成污染物候选名单。

7.3.1　大气污染物检出频率得分

调查分析近 5 年国内外公开发表文献和大气专项调查数据中关于污染物在全国 113 个重点城市环境空气监测位点中的检出情况，获取大气环境中污染物检出信息。将 113 个检测位点按区域划分为华东（江苏省、浙江省、安徽省、福建省、江西省、山东省、上海市等）、华南（广东省、广西壮族自治区、海南省等）、华北（河北省、山西省、北京市、天津市和内蒙古自治区的部分地区等）、华中（湖北省、湖南省和河南省等）、东北（辽宁省、吉林省、黑龙江省和内蒙古自治区东部等）、西南（四川省、云南省、贵州省、重庆市、西藏自治区的大部和陕西省南部等）、西北（宁夏回族自治区、新疆维吾尔自治区及青海、陕西、甘肃三省之地等）7 个区。

$$污染物检出频率得分 = \frac{该污染物的检出得分}{所有污染物的最高检出得分} \times 600 \qquad (7\text{-}1)$$

初始候选污染物检出率得分见表 7-3。

表 7-3　初始候选污染物检出率得分

序号	CAS 号	中文名	英文名	华东	华南	华北	华中	东北	西南	西北	检出合计	污染物检出得分
1	71-43-2	苯	Benzene	5	5	5	1	1	3	4	24	413
2	107-13-1	丙烯腈	Acrylonitrile	0	0	0	0	0	0	0	0	0
3	108-88-3	甲苯	Methylbenzene	6	5	5	2	2	5	3	27	469
4	100-42-5	苯乙烯	Styrene	3	5	5	2	2	3	3	23	413
5	1330-20-7	二甲苯	Xylenes	3	5	5	2	2	5	3	23	431
6	—	汞	Mercury	1	5	5	0	3	2	3	16	244
7	7664-41-7	氨	Ammonia	3	5	5	2	1	5	4	23	338
8	—	砷	Arsenic	3	5	2	1	1	6	3	21	300
9	100-41-4	乙苯	Ethylbenzene	3	5	5	1	2	5	4	22	413
10	7782-50-5	氯气	Chlorine	0	0	0	0	0	0	0	0	0
11	50-00-0	甲醛	Formaldehyde	2	5	2	1	0	3	3	16	263
12	—	多环芳烃	Polycyclic aromatic hydrocarbons	8	5	5	3	3	6	4	34	600
13	7439-92-1	铅	Lead	8	5	5	3	3	6	4	34	600
14	10028-15-6	O_3	Ozone	8	5	5	3	3	6	4	34	600
15	—	$PM_{2.5}$	—	8	5	5	3	3	6	4	34	600
16	7446-09-5	SO_2	Sulfur dioxide	8	5	5	3	3	6	4	34	600

续表

序号	CAS 号	中文名	英文名	华东	华南	华北	华中	东北	西南	西北	检出合计	污染物检出得分
17	—	PM$_{10}$	—	8	5	5	3	3	6	4	34	600
18	10102-44-0	NO$_2$	Nitrogen dioxide	8	5	5	3	3	6	4	34	600
19	7647-01-0	氯化氢	Hydrochloric acid	0	0	0	0	0	0	0	0	0
20	—	总悬浮颗粒物	Total suspended particulate	8	5	5	3	3	6	4	34	600
21	108-95-2	酚类	Phenols	0	3	1	0	0	0	3	6	94
22	75-07-0	乙醛	Acetaldehyde	3	3	3	2	1	3	4	19	319
23	79-10-7	丙烯酸	Acrylic Acid	0	0	0	0	0	0	3	3	38
24	108-90-7	氯苯类	Chlorobenzene	6	3	5	3	3	5	4	28	488
25	124-38-9	二氧化碳	Carbon dioxide	8	5	4	3	2	6	4	32	544
26	107-02-8	丙烯醛	Acrolein	1	3	0	1	1	0	3	8	113
27	98-95-3	硝基苯	Nitrobenzene	2	0	0	0	0	0	3	5	75
28	—	二噁英	Dioxin	6	3	5	3	3	5	4	27	506
29	79-01-6	三氯乙烯	Trichloroethylene (TCE)	5	3	1	2	1	2	4	17	319
30	127-18-4	四氯乙烯	Tetrachloroethylene (Perchloroethylene)	5	5	2	3	1	2	4	21	356
31	75-01-4	氯乙烯	Vinyl chloride	6	3	2	2	0	3	4	20	375
32	107-06-2	1,2-二氯乙烷	1,2-Dichloroethane	6	3	3	2	1	2	4	20	356
33	75-09-2	二氯甲烷	Dichloromethane	2	3	2	2	1	3	3	15	300
34	106-99-0	1,3-丁二烯	1,3-Butadiene	6	3	2	2	1	4	4	22	356
35	—	镉	Cadmium	8	5	5	3	3	6	4	34	600
36	7782-41-4	氟	Fluoride	5	3	3	1	3	3	3	20	375
37	7664-93-9	硫酸雾	Sulphuric acid	5	3	3	2	2	5	3	21	375
38	50-32-8	苯并芘	Benzo[a]pyrene	8	5	5	3	3	6	4	34	600
39	630-08-0	CO	Carbon monoxide	8	5	5	3	3	6	4	34	600

7.3.2　大气污染物毒性得分

　　污染物的毒性主要考虑污染物对人群的健康毒性，分为急性毒性效应和慢性毒性效应。急性毒性考虑 GHS 健康危害类别中的急性毒性（含口服、吸入和皮肤）、皮肤腐蚀刺激、严重眼损伤/眼刺激和单次接触特异性靶器官毒性。慢性毒性效应包括致癌性、生殖毒性和其他慢性毒性（反复接触特异性靶器官毒性）。

　　污染物毒性类别的分级主要参考欧洲化学品管理局（ECHA）、美国环境保护局的综合风险信息系统（IRIS）、国际癌症研究机构（IARC）和化学物质毒性数据库。

　　污染物的毒性效应考虑《全球化学品统一分类和标签制度》（GHS）中 10 个健康危害类别。将其分为急性毒性效应和慢性毒性效应，其中慢性毒性效应包括致癌性、生殖毒性和其他慢性毒性，根据其风险等级的高、中、低和零分别计 3 分（强毒性）、2 分（毒性）、1 分（有害）和 0 分，以所有污染物中毒性效应得分最大值作为参考，计算污染物的毒性效应得分，计算式见式（7-2）至式（7-4）。大气中 39 种污染物候选名单的毒性得分见表 7-4。

$$慢性毒性得分 = \frac{致癌性计分 + 生殖毒性计分 + 其他慢性毒性计分}{3} \quad (7\text{-}2)$$

$$污染物毒性得分 = \frac{慢性毒性得分 + 急性毒性得分}{2} \quad (7\text{-}3)$$

$$毒性效应得分 = \frac{该污染物毒性得分}{污染物毒性得分最高值} \times 600 \quad (7\text{-}4)$$

表 7-4　初始候选污染物毒性得分情况

序号	CAS 号	名称	英文名称	急性毒性得分	慢性毒性得分			污染物毒性得分
					致癌性	生殖毒性	其他慢性毒性	
1	71-43-2	苯	Benzene	3	3	2	3	600
2	107-13-1	丙烯腈	Acrylonitrile	2	2	1	2	388
3	108-88-3	甲苯	Toluene	3	1	2	2	494
4	100-42-5	苯乙烯	Styrene	3	2	1	3	529
5	1330-20-7	二甲苯	Xylene	3	0	2	2	388
6	7439-97-6	汞	Mercury	3	1	2	3	529
7	7664-41-7	氨	Ammonia	3	0	0	0	211
8	7440-38-2	砷	Arsenic	2	3	3	2	494
9	100-41-4	乙苯	Ethylenzene	2	2	2	2	424
10	7782-50-5	氯气	Chlorine	3	0	0	2	458
11	50-00-0	甲醛	Formaldehyde	2	3	2	2	459
12	—	多环芳烃	PAHs	3	2	2	2	565

续表

序号	CAS 号	名称	英文名称	急性毒性得分	慢性毒性得分			污染物毒性得分
					致癌性	生殖毒性	其他慢性毒性	
13	7439-92-1	铅	Lead	2	3	2	2	459
14	10028-15-6	O_3	Ozone	2	1	2	2	494
15	—	$PM_{2.5}$	Fine particulate matter	2	3	3	2	600
16	7446-09-5	SO_2	Sulfur dioxide	0	1	3	0	352
17	—	PM_{10}	Inhalable particles	2	3	3	2	600
18	10102-44-0	NO_2	Nitrogen dioxide	0	0	3	0	423
19	7647-01-0	氯化氢	Hydrochloric acid	0	2	2	0	458
20	—	总悬浮颗粒物	Total suspended particulate	2	3	3	2	600
21	108-95-2	苯酚	Phenol	1	2	2	1	494
22	75-07-0	乙醛	Acetaldehyde	2	1	2	2	282
23	79-10-7	丙烯酸	Acrylic acid	0	0	3	0	423
24	108-90-7	氯苯	Chlorobenzene	0	1	2	0	424
25	124-38-9	二氧化碳	Carbon dioxide	0	0	0	0	0
26	107-02-8	丙烯醛	Acrolein	1	1	0	1	388
27	98-95-3	硝基苯	Nitrobenzene	1	2	3	1	424
28	—	二噁英	Dioxins	3	2	3	3	600
29	79-01-6	三氯乙烯	Trichlorethylene	3	1	2	3	318
30	127-18-4	四氯乙烯	Tetrachloroethylene	2	0	2	2	247
31	75-01-4	氯乙烯	Chloroethylene	3	0	3	3	318
32	107-06-2	1,2-二氯乙烷	1,2-Dichloroethane	2	2	2	2	318
33	75-09-2	二氯甲烷	Dichloromethane	2	1	2	2	282
34	106-99-0	1,3-丁二烯	1,3-Butadiene	3	1	0	3	352
35	7440-43-9	镉	Cadmium	3	1	3	3	565
36	7664-39-3	氟	Fluoride	0	2	0	0	388
37	7664-93-9	硫酸雾	Sulphuric acid	0	0	0	0	317
38	50-32-8	苯并[a]芘	Benzo[a]pyrene	3	2	2	3	565
39	630-08-0	CO	Carbon monoxide	0	2	3	0	388

7.3.3 大气中人群暴露得分

大气中人群暴露的得分以污染物的人群暴露剂量的最大值作为参考，计算式为（7-5）；暴露途径主要考虑呼吸暴露，呼吸暴露途径暴露剂量的计算式为（7-6）。

$$EFS_h = \frac{ADD_i}{ADD_{max}} \times 600 \qquad (7-5)$$

$$ADD_{inh} = \frac{C \times IR \times ET \times EF \times ED}{BW \times AT} \qquad (7-6)$$

式中：IR——日均空气呼吸量（m³/d），取值 12.7；

　　　　ET——暴露时间（h/d）；

　　　　EF——暴露频率（d/a）；

　　　　ED——暴露持续年数（a）；

　　　　BW——体重（kg）；

　　　　AT——平均终身暴露时间（d）；

　　　　C——空气中污染物浓度（μg/m³），主要调研近 5 年公开发表的文献、专项调查和监测数据，汇总文献报道污染物浓度的中位值或平均值，最终选取统计的中位值。

大气环境初始候选污染物的人群暴露得分见表 7-5。

表 7-5　初始候选污染物人群暴露得分

序号	CAS 号	中文名称	英文名称	单位	浓度值	暴露得分
1	71-43-2	苯	Benzene	μg/m³	13.7	6.86
2	107-13-1	丙烯腈	Acrylonitrile	μg/m³	0	0
3	108-88-3	甲苯	Methylbenzene	μg/m³	21.9	10.965
4	100-42-5	苯乙烯	Styrene	μg/m³	3.98	1.99
5	1330-20-7	二甲苯	Xylenes	μg/m³	12.5	6.26
6	—	汞及其化合物	Mercury compounds	μg/m³	0.0049	0.00245
7	7664-41-7	氨	Ammonia	μg/m³	6.85	3.425
8	—	砷化合物	Arsenic Compounds	μg/m³	0.00211	1.06×10^{-3}
9	100-41-4	乙苯	Ethyl benzene	μg/m³	6.43	3.22
10	7782-50-5	氯气	Chlorine	μg/m³	0	0
11	50-00-0	甲醛	Formaldehyde	μg/m³	11.8	5.91

续表

序号	CAS 号	中文名称	英文名称	单位	浓度值	暴露得分
12	—	多环芳烃	Polycyclic aromatic hydrocarbons	$\mu g/m^3$	0.36	0.18
13	7439-92-1	铅	Lead	$\mu g/m^3$	0.3	0.15
14	10028-15-6	O_3	Ozone	$\mu g/m^3$	142	71
15	—	$PM_{2.5}$	Fine particulate matter	$\mu g/m^3$	36	18
16	7446-09-5	SO_2	Sulfur dioxide	$\mu g/m^3$	17	8.5
17	—	PM_{10}	Inhalable particles	$\mu g/m^3$	64	32
18	10102-44-0	NO_2	Nitrogen dioxide	$\mu g/m^3$	25	12.5
19	7647-01-0	氯化氢	Hydrochloric acid	$\mu g/m^3$	0	0
20	—	总悬浮颗粒物	Total suspended particulate	$\mu g/m^3$	263	132
21	108-95-2	苯酚	Phenols	$\mu g/m^3$	0	0
22	75-07-0	乙醛	Acetaldehyde	$\mu g/m^3$	15.9	7.96
23	79-10-7	丙烯酸	Acrylic acid	$\mu g/m^3$	0	0
24	108-90-7	氯苯	Chlorobenzene	$\mu g/m^3$	0.54	0.27
25	124-38-9	二氧化碳	Carbon dioxide	$\mu g/m^3$	0.41	0.205
26	107-02-8	丙烯醛	Acrolein	$\mu g/m^3$	0.54	0.27
27	98-95-3	硝基苯	Nitrobenzene	$\mu g/m^3$	0	0
28	—	二噁英	Dioxin	$\mu g/m^3$	0.00000111	5.55×10^{-7}
29	79-01-6	三氯乙烯	Trichloroethylene（TCE）	$\mu g/m^3$	0.44	0.22
30	127-18-4	四氯乙烯	Tetrachloroethylene（Perchloroethylene）	$\mu g/m^3$	0.51	0.255
31	75-01-4	氯乙烯	Vinyl chloride	$\mu g/m^3$	0.34	0.17
32	107-06-2	1,2-二氯乙烷	1,2-Dichloroethane	$\mu g/m^3$	4.38	2.19
33	75-09-2	二氯甲烷	Dichloromethane	$\mu g/m^3$	13.1	6.55
34	106-99-0	1,3-丁二烯	1,3-Butadiene	$\mu g/m^3$	2.08	1.04
35	—	镉化合物	Cadmium compounds	$\mu g/m^3$	0.0205	0.01025
36	7782-41-4	氟	Fluoride	$\mu g/m^3$	0.051	0.0255
37	7664-93-9	硫酸雾	Sulphuric acid	$\mu g/m^3$	15.5	7.75
38	50-32-8	苯并[a]芘	Benzo[a]pyrene	$\mu g/m^3$	0.0137	0.00685
39	630-08-0	CO	Carbon monoxide	$\mu g/m^3$	1200	600

7.3.4　大气污染物健康风险综合得分

　　健康风险综合得分的计算基于污染物检出频率、污染物毒性以及人群暴露，以上三项得分之和即为健康风险综合得分，见计算式（7-7）。

$$PNEC = EFS_{en} + EFS_t + EFS_h \qquad （7-7）$$

　　大气环境初始候选污染物的健康风险综合得分见表 7-6。

表 7-6　大气环境初始候选污染物的健康风险综合得分

序号	CAS 号	中文名称	英文名称	污染物检出率得分	毒性得分	暴露得分	健康风险综合得分
1	71-43-2	苯	Benzene	600	388	600	1019
2	107-13-1	丙烯腈	Acrylonitrile	600	600	132	388
3	108-88-3	甲苯	Methylbenzene	600	600	32	974
4	100-42-5	苯乙烯	Styrene	600	600	18	943
5	1330-20-7	二甲苯	Xylenes	600	565	0.01025	826
6	—	汞及其化合物	Mercury compounds	600	565	0.00685	773
7	7664-41-7	氨	Ammonia	600	494	71	552
8	—	砷化合物	Arsenic compounds	506.25	600	0	794
9	100-41-4	乙苯	Ethyl benzene	600	459	0.15	840
10	7782-50-5	氯气	Chlorine	600	423	12.5	458
11	50-00-0	甲醛	Formaldehyde	412.5	600	6.86	727
12		多环芳烃	Polycyclic aromatic hydrocarbons	600	565	0.18	1165
13	7439-92-1	铅	Lead	468.75	494	10.965	1059
14	10028-15-6	O_3	Ozone	600	352	8.5	1165
15	—	$PM_{2.5}$	Fine particulate matter	412.5	529	1.99	1218
16	7446-09-5	SO_2	Sulfur dioxide	487.5	424	0.27	961
17	—	PM_{10}	Inhalable particles	412.5	424	3.215	1232
18	10102-44-0	NO_2	Nitrogen dioxide	431.25	388	6.26	1036
19	7647-01-0	氯化氢	Hydrochloric acid	300	494	0.001055	458
20	—	总悬浮颗粒物	Total suspended particulate	243.75	529	0.00245	1332
21	108-95-2	苯酚	Phenols	375	388	0.0255	588
22	75-07-0	乙醛	Acetaldehyde	262.5	459	5.91	609

续表

序号	CAS 号	中文名称	英文名称	污染物检出率得分	毒性得分	暴露得分	健康风险综合得分
23	79-10-7	丙烯酸	Acrylic acid	356.25	352	1.04	461
24	108-90-7	氯苯	Chlorobenzene	375	317	7.75	912
25	124-38-9	二氧化碳	Carbon dioxide	375	318	0.17	544
26	107-02-8	丙烯醛	Acrolein	356.25	318	2.19	501
27	98-95-3	硝基苯	Nitrobenzene	318.75	318	0.22	499
28	—	二噁英	Dioxin	318.75	282	7.96	1106
29	79-01-6	三氯乙烯	Trichloroethylene（TCE）	356.25	247	0.255	637
30	127-18-4	四氯乙烯	Tetrachloroethylene（Perchloroethylene）	300	282	6.55	604
31	75-01-4	氯乙烯	Vinyl chloride	93.75	494	0	693
32	107-06-2	1,2-二氯乙烷	1,2-Dichloroethane	337.5	211	3.425	676
33	75-09-2	二氯甲烷	Dichloromethane	543.75	0	0.205	727
34	106-99-0	1,3-丁二烯	1,3-Butadiene	112.5	388.000	0.27	709
35	—	镉及其化合物	Cadmium compounds	75	424.000	0	1165
36	7782-41-4	氟	Fluoride	37.5	423.000	0	763
37	7664-93-9	硫酸雾	Sulphuric acid	0	458.000	0	700
38	50-32-8	苯并[a]芘	Benzo[a]pyrene	0	458.000	0	1165
39	630-08-0	CO	Carbon monoxide	0	388.000	0	1588

7.4　大气环境基准污染物清单

根据健康风险综合得分情况，结合对污染物特性判断，最终选取得分≥900 分以上的纳入污染物候选名单，总计 16 种，详见表 7-7。从环境管理出发，最终基准污染物清单还需采用专家评判、管理部门和公众参与相结合的方式确定。

表 7-7　大气环境基准污染物清单

类别	CAS 号	名称	英文名称	排序
常规污染物（7 种）	630-08-0	CO	Carbon monoxide	1
	—	总悬浮颗粒物	Total suspended particulate	2
	—	PM$_{10}$	Inhalable particles	3

续表

类别	CAS 号	名称	英文名称	排序
常规污染物 （7种）	—	PM$_{2.5}$	Fine particulate matter	4
	10028-15-6	O$_3$	Ozone	7
	10102-44-0	NO$_2$	Nitrogen dioxide	11
	7446-09-5	SO$_2$	Sulfur dioxide	14
重金属 （2种）	—	镉	Cadmium	5
	7439-92-1	铅	Lead	10
多环芳烃	50-32-8	苯并[a]芘	Benzo[a]pyrene	6
	—	多环芳烃	Polycyclic aromatic hydrocarbons	8
二噁英	—	二噁英	Dioxin	9
苯系物	71-43-2	苯	Benzene	12
	108-88-3	甲苯	Methylbenzene	13
	100-42-5	苯乙烯	Styrene	15
	108-90-7	氯苯	Chlorobenzene	16

第8章 展 望

环境基准是制订环境标准的科学基础。《环境保护法》第十五条明确指出"国家鼓励开展环境基准研究"。《"十三五"生态环境保护规划》也要求"完善环境标准和技术政策体系,研究制定环境基准"。然而,当前我国环境污染呈现出复合型、压缩型特点,区域环境污染物种类繁多,如果对每一种污染物都制定相应的环境基准(或标准)进而开展监测、管理和控制,既难以实现又没有太大必要。因此筛选出符合我国实际的基准污染物,是国家环境基准管理中需要解决的首要问题。本书从保护人体健康角度出发,建立保护人体健康的环境基准污染物筛选技术,提出水、土壤、大气环境基准污染物清单,为进一步开展环境基准制定奠定了重要基础。然而,环境健康基准的研究是一项内容丰富、科学性强、投资大且耗时长的工作。当前我国在环境健康基准的技术方法、基础参数等方面尚不十分成熟,下一阶段有必要在以下几方面开展相关研究工作。

一是环境健康基准制定技术方法有待进一步完善。2017年生态环境部(原环境保护部)制定并发布了《国家环境基准管理办法(试行)》,对环境基准管理工作的基本原则、基准分类、基准制定与发布的工作程序和工作内容等提出了框架性要求,但该管理办法重在制定环境基准组织管理的制度;在环境健康基准的制定技术方面,目前发布了《人体健康水质基准制定技术指南》,大气、土壤方面仍缺乏相应的技术规范,迫切需要系统研究并标准化。

二是环境健康基准相关的基础参数亟须补充和完善。目前我国缺乏不同人群、不同地区和不同暴露场景的精细化人群暴露参数,以及大样本的环境健康基准基础参数,难以进行高精度、综合的环境污染健康风险评估和保护人体健康的环境基准研究,制约了国家环境基准和标准制修订以及环境健康风险管理。因此,亟须开展涵盖我国重点区域、流域和海域大样本人体健康基准参数研究,如针对我国水质基准基础参数,需调查明确不同营养级水产品摄入量,以及典型污染物国家生物累积和放大因子、标准化脂质分数、有机碳浓度及结构特征等;为完善人体健康土壤基准基础参数,需开展典型区域尘/土摄入率,成人/儿童土壤暴露皮肤黏附系数,皮肤接触吸收效率因子,土壤/地下水污染物扩散进入室外/室内空气的挥发因子等参数的调查研究。此外,针对人群暴露特征,需要开展典型暴露场景的环境暴露行为模式研究,精细化地表征我国人群环境暴露行为特征。

三是环境基准污染物清单需要不断更新。新型污染物的环境健康风险备受关注,但由于受环境监测(化学分析检测)技术、毒性评价方法等技术手段制约,国内外现有保护人体健康的大气、水、土壤环境基准污染物清单中纳入的新型污染物十分有限。因此，下一步随着科学技术的发展，需要定期对大气、水、土壤环境基准污染物清单进行更新、补充，使清单具有时效性和科学性，更加符合环境管理的需求。

附录 A 美国五个组成的 RQ 方法

附表 A-1 可燃性和反应性

分类	可燃性	反应性		RQ
		与水	自反应	
D	FP 100~140°F	中度反应，如 NH$_3$	轻微；在低温下能发生聚合反应	5000
C	FP<100°F，BP 100°F	高反应性，如发烟硫酸	中等；污染可引发聚合；不需要抑制剂	1000
B	FP<100°F，BP<100°F	剧烈反应性，如 SO$_3$	高，可能发生聚合；需要稳定剂	100
A	自燃	火焰	剧烈自反应；可能引发爆炸	10
X	不具备反应性或可燃性			1

注：100°F≈37.8℃，140°F≈60℃

附表 A-2 水生生物毒性

分类	水生生物毒性	RQ
D	100 mg/L≤LC$_{50}$<500 mg/L	5000
C	10 mg/L≤LC$_{50}$<100 mg/L	1000
B	1 mg/L≤LC$_{50}$<10 mg/L	100
A	0.1 mg/L≤LC$_{50}$<1 mg/L	10
X	LC$_{50}$<0.1 mg/L	1

附表 A-3 哺乳动物毒性划分

分类	哺乳动物毒性 （经口暴露）	哺乳动物毒性 （皮肤暴露）	哺乳动物毒性 （呼吸暴露）	RQ
D	100 mg/kg≤LD$_{50}$<500 mg/kg	40 mg/kg≤LD$_{50}$<200 mg/kg	400 ppm≤LC$_{50}$<2000 ppm	5000
C	10 mg/kg≤LD$_{50}$<100 mg/kg	4 mg/kg≤LD$_{50}$<40 mg/kg	40 ppm≤LC$_{50}$<400 ppm	1000
B	1 mg/kg≤LD$_{50}$<10 mg/kg	0.4 mg/kg≤LD$_{50}$<4 mg/kg	4 ppm≤LC$_{50}$<40 ppm	100
A	0.1 mg/kg≤LD$_{50}$<1 mg/kg	0.04 mg/kg≤LD$_{50}$<0.4 mg/kg	0.4 ppm≤LC$_{50}$<4 ppm	10
X	LD$_{50}$<0.1 mg/kg	LD$_{50}$<0.04 mg/kg	LC$_{50}$<0.4 ppm	1

附表 A-4　慢性毒性划分

分类	组合得分（$RV_d \times RV_e$）	RQ
D	1~5	5000
C	6~20	1000
B	21~40	100
A	41~80	10
X	81~100	1

注：RV_d，剂量的评级（rating value for dose）；RV_e，效应的评级（rating value for effect）

附表 A-5　致癌性划分

EPA 分类	EPA 致癌分类
组 A	已知的致癌物
组 B1	可能的致癌物（有限的证据）
组 B2	可能的致癌物（没有证据）
组 C	可能的致癌物
组 D	尚未评估
组 E	非致癌物

附表 A-6　致癌性 RQ 赋值

EPA 致癌分类	效价分组		
	1（高）	2	3（低）
A	高（1）	高（1）	中等（10）
B	高（1）	中等（10）	低（100）
C	中等（10）	低（100）	低（100）
D	没有风险等级		
E	没有风险等级		

附录 B 美国水环境优先污染物评分方法

附表 B-1 效价评分表

评分	RfD [mg/(kg·d)]	LOAEL/NOAEL [mg/(kg·d)]	LD$_{50}$ (mg/kg)	10^{-4}致癌效力
10	0~0.000000316	0~0.000316	0~0.0316	0~0.00000316
9	0.000000317~0.00000316	0.000317~0.00316	0.0317~0.316	3.17×10^{-6}~0.0000316
8	0.00000317~0.0000316	0.00317~0.0316	0.317~3.16	3.17×10^{-5}~0.000316
7	0.0000317~0.000316	0.0317~0.316	3.17~31.6	0.000317~0.00316
6	0.000317~0.00316	0.317~3.16	31.7~316	0.00317~0.316
5	0.00317~0.0316	3.17~31.6	317~3160	0.0317~0.316
4	0.0317~0.316	31.7~316	3170~31600	0.317~3.16
3	0.317~3.16	317~3160	31700~316000	3.17~31.6
2	3.17~31.6	3170~31600	317000~3160000	31.7~316
1	≥31.7	≥31700	≥3170000	≥317

附表 B-2 严重度评分表

严重度评分	得分定义	重要影响的纲要
1	无不利影响	未观察到影响 未观察到不利影响 没有影响 没有重要影响 处理方法没有影响 没有生物学上的重要影响 没有显微病理学上的变化 超过味觉阈值
2	美容效果 （解释：考虑能改变身体外观不影响结构和功能的作用）	牙氟中毒 异常表现 面部冲洗 银中毒 致敏实验 皮肤色素沉着 色素沉着 脱发 角化症

续表

严重度评分	得分定义	重要影响的纲要
3	可逆影响；器官重量和大小的差异，身体重量或生化参数变化的最小临床意义（解释：瞬态，适应性效应）	生长和体重影响 胃肠道紊乱 抑制性 生物化学变化 血液学变化 胆碱酯酶效应 激素变化 细胞真空化 其他效应
4	可能导致疾病的细胞/生理变化	血液的影响 免疫影响 肝脏影响 胆碱能影响 其他影响
5	可逆或永久的最小的毒理学功能性变化	胆碱能影响增加 血液的影响 结构的影响 肾的影响 肝脏的影响 多个器官影响 眼部的影响 神经系统的影响 其他影响
6	重要的不可逆转和不致命的变化	多个器官影响 肝脏影响 肾的影响 感觉和神经系统影响 增生 心脏的影响 其他影响
7	生长或生殖影响导致重大障碍	生殖器官的影响 母体毒性 生育率影响 生长抑制作用 后代生存能力降低 生长发育影响
8	肿瘤或障碍可能导致死亡	癌症 可疑致癌性 任何类型癌症
9	死亡	死亡率增加

附表 B-3　量级评分表

量级评分	级别（hierarchy）				
	1	2	3	4	5
	公共供水系统中终端出水污染物的检出比例（%）	环境水中污染物的检出比例（%）	官方报道的农药使用数量	官方报道的毒物化学品总释放量	CUS/IUR 产量
1	≤0.10	≤0.10	—	1	<500 k
2	0.11~0.16	0.11~0.16	—	2	
3	0.17~0.25	0.17~0.25	无公害使用的任何农药	3	>500 k~1 M
4	0.26~0.44	0.26~0.44	—	4	—
5	0.45~0.61	0.45~0.61	环境中使用的任何无统计数据农药	5	>1 M~10 M
6	0.62~1.00	0.62~1.00	<6	6	>10 M~50 M
7	1.01~1.30	1.01~1.30	6~10	7~10	>50 M~100 M
8	1.31~2.50	1.31~2.50	11~15	11~15	>100 M~500 M
9	2.51~10.00	2.51~10.00	16~25	16~25	>500 M~1 B
10	>10.00	>10.00	>25	>25	>1 B

附表 B-4　流行性评分表

	级别（hierarchy）				
	1	2	3	4	5
量级范围	终端出水暴露范围	环境水暴露范围	农药使用范围	毒物化学品总释放量	持久性-迁移性
用于评分的数据	所有公共式监测数据的中间值	所有监测样品中间值	使用的数量	释放总量	
单位	μg/L	μg/L	lbs	lbs	
得分					
1	<0.003	<0.003	<10000	<300	
2	0.003~0.01	0.003~0.01	—	301~1000	
3	>0.01~0.03	>0.01~0.03	10000~30000	1001~3000	
4	>0.03~0.1	>0.03~0.1	30001~100000	3001~10000	
5	>0.1~0.3	>0.1~0.3	100001~300000	10001~30000	
6	>0.3~1	>0.3~1	300001~1M	30001~100000	当生产数据进行评分时使用
7	>1~3	>1~3	1 M~3 M	100001~300000	
8	>3~10	>3~10	3 M~10 M	300001~1 M	
9	>10~30	>10~30	10 M~30 M	1 M~3 M	
10	>30	>30	>30 M	>3 M	

附录 C 澳大利亚化学污染物毒性评分原则

附表 C-1 急性毒性计分方法

文字描述	积分	对应指标/标准
高（强毒性）	3	风险等级
		R26：呼吸高毒性
		R27：皮肤接触高毒性
		R28：饮食高毒性
		R35：导致严重烧伤
中（毒性）	2	风险等级
		R23：呼吸毒性
		R24：皮肤接触毒性
		R25：饮食毒性
		R34：导致烧伤
低（有害）	1	风险等级
		R20：呼吸有害
		R21：皮肤接触有害
		R22：饮食有害
		R36：刺激眼睛
		R37：刺激呼吸系统
		R38：刺激皮肤
		R65：进入肺有害
零	0	证据显示急性毒性可忽略
		未分风险等级和无证据或半数致死量 $LD_{50} > 5000$

附表 C-2 慢性毒性计分方法

文字描述	积分	对应指标/标准
高（强毒性）	3	风险等级
		R39：极严重不可逆转效应的危险性
		默认值：
		有人体和（或）两种动物慢性健康效应的充分证据
		有人体或动物发育毒性的足够证据

续表

文字描述	积分	对应指标/标准
高（强毒性）	3	有人体和（或）两种动物神经毒性的充分证据
		USEPA 1~5 类可遗传变异
		最小有效剂量 MED≤10
中（毒性）	2	风险等级
		R33：累计效应危险性
		R42：可能通过呼吸导致敏感
		R43：可能通过皮肤接触导致敏感
		默认值：
		有人体和（或）两种动物慢性健康效应的证据
		无充足证据，但有数据显示可能存在发育毒性效应
		有神经毒性效应的证据
		USEPA 6 类
		10≤MED≤100
低（有害）	1	有限或无证据证明可忽略毒性效应
		USEPA 7~8 类
		MED＞100
零	0	有对人体或动物无发育毒性的充分证据
		有足够证据显示可忽略毒性效应

附表 C-3　致癌性计分方法

文字描述	积分	对应指标/标准
高（强毒性）	3	风险等级
		R45（类 1）：可能导致癌症——有充分证据表明人体暴露和癌症发病存在因果关系
		R46（类 1）：可能导致可遗传的损伤
		R49：除了 R45（类 1），还可能通过吸入暴露致癌
中（毒性）	2	风险等级
		R45（类 2）：可能导致癌症——被认为导致癌症
		R46（类 2）：可能导致可遗传的损伤
		R49：除了 R45（类 2），还可能通过呼吸导致癌症
低（有害）	1	风险等级
		R40（类 3 或 M3）：导致癌症的特定物质引起不可逆转效应的可能风险或诱变物质导致效应的风险，但无关相关的充足证据作满意的评述
零	0	充分证据显示可行动物测试的可忽略效应

附表 C-4 生殖毒性计分方法

文字描述	积分	对应指标/标准
高（强毒性）	3	风险等级
		R60（类 1）：会降低生育率
		R61（类 1）：伤害胎儿
中（毒性）	2	风险等级
		R60（类 2）：可能会降低生育率
		R61（类 2）：可能伤害胎儿
低（有害）	1	风险等级
		R64：可能伤害哺乳期婴儿
		R63：可能伤害胎儿的风险
		R62：可能有降低生育率的风险
零	0	有或极有可能存在无生殖毒性的证据

附表 C-5 欧盟环境急性毒性计分方法

文字描述	计分	对应指标/标准
高（强毒性）	3	欧盟风险等级
		极高的水生生物毒性（R50）
		默认值
		水生生物 $LC_{50}<100\ \mu g/L$
		哺乳动物或鸟类 $LC_{50}<5\ mg/kg$
		鸟类 5 日食物的 $LC_{50}<20\ mg/kg$
中（毒性）	2	欧盟风险等级
		有水生生物毒性（R51）
		有植物毒性（R54）
		有动物毒性（R55）
		默认值
		水生生物 $100\ \mu g/L<LC_{50}<100\ \mu g/L$
		哺乳动物或鸟类 $LC_{50}<500\ mg/kg$
		鸟类 5 日食物的 $LC_{50}<200\ mg/kg$
低（有害）	1	欧盟风险等级
		对水生生物有害（R52）
		默认值
		水生生物 $LC_{50}>10\ mg/L$
		哺乳动物或鸟类 $LC_{5}>500\ mg/kg$
		鸟类 5 日食物的 $LC_{50}>200\ mg/kg$
零	0	证据显示急性毒性可忽略

附表 C-6　没有欧盟分级数据时的慢性毒性计分方法

文字描述	计分	对应指标/标准
高 （强毒性）	3	水生生物 MATC<10 μg/L
		哺乳动物或鸟类 MATC<2 mg/kg
		植物的半最大效应浓度（concentration for 50% of maximal effect，EC_{50}）<100 μg/kg
中（毒性）	2	水生生物 10 μg/L<MATC<100 μg/L
		哺乳动物或鸟类 2 mg/kg<MATC<200 mg/kg
		植物的 EC_{50}<1 mg/kg
低（有害）	1	水生生物 MATC>100 μg/L
		哺乳动物或鸟类 MATC>200 mg/kg
		植物的 EC_{50}>1 mg/kg
零	0	有足够证据显示慢性效应可忽略

附表 C-7　持久性的计分方法

文字描述	计分	对应指标/标准
高 （强毒性）	3	水生生物的 LC_{50}<1 mg/L，且持续或反复（C/R）或一次排放的化学品的半衰期<14 d
		水生生物的 MATC<100 μg/L，且 C/R 或一次排放的化学品的半衰期<4 d
		哺乳动物或鸟类的 LD_{50}<1 mg/kg，且持续或反复（C/R）或一次排放的化学品的半衰期<14 d
		哺乳动物或鸟类 MATC<20 mg/kg 或植物的 EC_{50}<1 mg/L，且 C/R 或一次排放的化学品的半衰期<4 d
		鸟类 5 日食物的 LC_{50}<200 mg/kg，且持续或反复（C/R）或一次排放的化学品的半衰期<14 d
中（毒性）	2	水生生物的 1 mg/L<LC_{50}<10 mg/L，且持续或反复（C/R）或一次排放的化学品的半衰期<14 d
		水生生物的 100 μg/L<MATC<1 mg/L，且 C/R 或一次排放的化学品的半衰期<4 d
		哺乳动物或鸟类的 50 mg/kg<LD_{50}<500 mg/kg，且持续或反复（C/R）或一次排放的化学品的半衰期<14 d
		哺乳动物或鸟类的 20 mg/kg<MATC<200 mg/kg，且 C/R 或一次排放的化学品的半衰期<4 d
		鸟类 5 日食物的 200 mg/kg<LC_{50}<2000 mg/kg，且持续或反复（C/R）或一次排放的化学品的半衰期<14 d
低（有害）	1	水生生物的 LC_{50}>10 mg/L，且持续或反复（C/R）或一次排放的化学品的半衰期<14 d
		水生生物的 MATC>1 mg/L，且 C/R 或一次排放的化学品的半衰期<4 d
		哺乳动物或鸟类的 LD_{50}>500 mg/kg，且持续或反复（C/R）或一次排放的化学品的半衰期<14 d
		哺乳动物或鸟类的 MATC>200 mg/kg，且 C/R 或一次排放的化学品的半衰期<4 d
		鸟类 5 日食物的 LC_{50}>2000 mg/kg，且持续或反复（C/R）或一次排放的化学品的半衰期<14 d
零	0	有足够证据显示持久性效应可忽略

附表 C-8　生物富集性的计分方法

文字描述	计分	对应指标/标准
高 （强毒性）	3	水生生物的 $LC_{50}<10$ mg/L，且 BCF<1000，或 lg$P<4.35$ 或估计的 lg$P<5.5$
		水生生物的 MATC<100 μg/L，且 BCF<1000，或 lg$P<4.35$ 或估计的 lg$P<5.5$
		哺乳动物或鸟类的 $LD_{50}<200$ mg/kg，且 BCF<1000，或 lg$P<4.35$ 或估计的 lg$P<5.5$
		哺乳动物或鸟类的 MATC<20 mg/kg 或植物的 $EC_{50}<1$ mg/L，且 BCF<1000，或 lg$P<4.35$ 或估计的 lg$P<5.5$
		鸟类 5 日食物的 $LC_{50}<500$ mg/kg，且 BCF 或 BAF<1000，或 lg$P<4.35$ 或估计的 lg$P<5.5$
中（毒性）	2	水生生物的 10 mg/L$<LC_{50}<100$ mg/L，且 BCF<1000，或 lg$P<4.35$ 或估计的 lg$P<5.5$
		水生生物的 100 μg/L$<MATC<1$ mg/L，且 BCF<1000，或 lg$P<4.35$ 或估计的 lg$P<5.5$
		哺乳动物或鸟类的 200 mg/kg$<LD_{50}<2000$ mg/kg，且 BCF 或 BAF<1000，或 lg$P<4.35$ 或估计的 lg$P<5.5$
		哺乳动物或鸟类的 20 mg/kg$<MATC<200$ mg/kg，且 BCF 或 BAF<1000，或 lg$P<4.35$ 或估计的 lg$P<5.5$
		鸟类 5 日食物的 500 mg/kg$<LC_{50}<5000$ mg/kg，且 BCF 或 BAF<1000，或 lg$P<4.35$ 或估计的 lg$P<5.5$
低（有害）	1	水生生物的 $LC_{50}>100$ mg/L，且 BCF<1000，或 lg$P<4.35$ 或估计的 lg$P<5.5$
		水生生物的 MATC>1 mg/L，且 BCF<1000，或 lg$P<4.35$ 或估计的 lg$P<5.5$
		哺乳动物或鸟类的 $LD_{50}>2000$ mg/kg，且 BCF 或 BAF<1000，或 lg$P<4.35$ 或估计的 lg$P<5.5$
		哺乳动物或鸟类的 MATC>200 mg/kg，且 BCF 或 BAF<1000，或 lg$P<4.35$ 或估计的 lg$P<5.5$
		鸟类 5 日食物的 $LC_{50}>5000$ mg/kg，且 BCF 或 BAF<1000，或 lg$P<4.35$ 或估计的 lg$P<5.5$
零	0	有足够证据显示生物富集性可忽略

附录 D 澳大利亚大气污染物毒性评分原则

附表 D-1 IARC/USEPA 癌症分类评分

IARC/USEPA 癌症分类	得分
IARC 组 1 或 USEPA 组 A	20
IARC 组 2A 或 USEPA 组 B1	10
IARC 组 2B 或 USEPA 组 B2	5
IARC 组 3 或 USEPA 组 C	1
IARC 组 4 或 USEPA 组 D	0

附表 D-2 单位风险因素评分

单位风险因素（$m^3/\mu g$）	得分
单位风险因素 $\geq 10^{-2}$	6
$10^{-3} \leq$ 单位风险因素 $< 10^{-2}$	5
$10^{-4} \leq$ 单位风险因素 $< 10^{-3}$	4
$10^{-5} \leq$ 单位风险因素 $< 10^{-4}$	3
$10^{-6} \leq$ 单位风险因素 $< 10^{-5}$	2
$10^{-7} \leq$ 单位风险因素 $< 10^{-6}$	1
单位风险因素 $< 10^{-7}$ 或者无单位风险因素	0

附表 D-3 生殖发育和致突变影响评分

生殖发育和致突变影响	得分
对人类生殖、发育、致突变影响证据充足	10
对动物生殖、发育、致突变影响证据充足	5
可能对动物或人产生生殖、发育、致突变影响	2.5
没有对动物或人产生生殖、发育、致突变影响的证据	0

附表 D-4 呼吸系统影响评分

呼吸系统影响	得分
导致呼吸敏感，哮喘，或其他慢性肺部疾病	5
加重哮喘或者现存的其他呼吸道疾病	3
气道过敏反应	1
没有显著呼吸系统影响	0

附表 D-5　慢性非致癌效应评分

慢性非致癌的呼吸暴露空气质量指南（μg/m³）	得分
指南＜10^{-4}	10
10^{-4}≤指南＜10^{-3}	9
10^{-3}≤指南＜10^{-2}	8
10^{-2}≤指南＜10^{-1}	7
10^{-1}≤指南＜10^{0}	6
10^{0}≤指南＜10^{1}	5
10^{1}≤指南＜10^{2}	4
10^{2}≤指南＜10^{3}	3
10^{3}≤指南＜10^{4}	2
10^{4}≤指南＜10^{5}	1
指南≥10^{5} 或无指南	0

附表 D-6　影响系统评分

影响系统数量	得分
会影响 4 个或更多器官或系统的物质	4
会影响 3 个或更多器官或系统的物质	3
会影响 2 个或更多器官或系统的物质	2
会影响 1 个或更多器官或系统的物质	1
不会影响器官或系统的物质	0

附表 D-7　生物富集评分

生物富集	得分
人类生物富集效应证据充分	3
动物生物富集效应证据充分	2
不确定或无数据	1
证明无生物富集效应	0

附表 D-8　其他显现的健康影响

其他显现的健康影响	得分
有	2
无	0

附表 D-9 NPI 排放评分

NPI 排放（t/a）	得分
NPI 排放≥100 000	10
50 000≤NPI 排放<100 000	9
10 000≤NPI 排放<50 000	8
5 000≤NPI 排放<10 000	7
1 000≤NPI 排放<5 000	6
500≤NPI 排放<1 000	5
100≤NPI 排放<500	4
50≤NPI 排放<100	3
10≤NPI 排放<50	2
1≤NPI 排放<10	1
NPI 排放<1 或没有数据	0

附表 D-10 复合源评分

复合源（总排放量占比，%）	得分
复合源，区域关注，总排放量占比≥90	10
复合源，区域关注，80≤总排放量占比<90	9
复合源，区域关注，70≤总排放量占比<80	8
复合源，区域关注，60≤总排放量占比<70	7
复合源，区域关注，50≤总排放量占比<60	6
复合源，区域关注，40≤总排放量占比<50	5
复合源，区域关注，30≤总排放量占比<40	4
复合源，区域关注，20≤总排放量占比<30	3
复合源，区域关注，10≤总排放量占比<20	2
复合源，区域关注，总排放量占比<10 或无数据	1

附表 D-11 物质在大气中的持久性评分

持久性	得分
≥40 天	5
4~40 天	4
10 小时~4 天	3
1~10 小时	2
<1 小时	1

附表 D-12　光化学烟雾形成的可能性评分

物质的相对光化学反应性	得分
＞0.75	4
0.5~0.75	3
0.25~0.5	2
≤0.25	1
0 或无数据	0

附录 E 英国危害评价——根据 PBT 标准

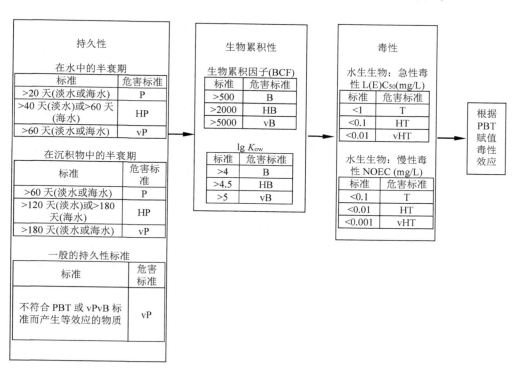

附图 E-1 持久性、生物累积性和毒性评分原则

附表 E-1 危害评价——根据 PBT 分类赋值得分

危害标准	危害得分	危害标准	危害得分
未分类	0	HP vB HT	4
P	0	HP vB vHT	4
P B	0	vP	0
P HB	0	vP B	0
P vB	0	vP HB	0
P T	2	vP vB	4
P HT	3	vP T	2
P vHT	3	vP HT	3
P B T	3	vP vHT	3
P B HT	3	vP B T	3

危害标准	危害得分	危害标准	危害得分
P B vHT	3	vP B HT	3
P HB T	3	vP B vHT	3
P HB HT	3	vP HB T	3
P HB vHT	3	vP HB HT	4
P vB T	3	vP HB vHT	4
P vB HT	3	B	0
P vB vHT	3	B T	2
HP	0	B HT	3
HP B	0	B vHT	3
HP HB	0	HB	0
HP vB	0	HB T	2
HP T	2	HB HT	3
HP HT	3	HB vHT	3
HP vHT	3	vB	0
HP B T	3	vB T	2
HP B HT	3	vB HT	3
HP B vHT	3	vB vHT	3
HP HB T	3	T	1
HP HB HT	4	HT	2
HP HB vHT	4	vHT	3
HP VB T	3		

附录 F　化学物质毒性参数的推荐数据源

F.1　美国环境保护局的综合风险信息系统（Integrated Risk Information System, IRIS）

来源：https://www.epa.gov/iris

数据源描述：IRIS 数据库是美国环境保护局环境化学物危险度评价的主要信息源。主要集中在危害鉴定和剂量-效应评价上，提供的数据包括 USEPA 的致癌分类表、个体风险、斜率因子、口服参考剂量和吸入参考浓度等。目前共涉及 600 多种化学污染物，包括重金属、有机物和无机物。

F.2　国际癌症研究机构（International Agency for Research on Cancer, IARC）

来源：https://www.iarc.fr/en/research-groups/index.php

数据源描述：国际癌症研究机构（International Agency for Research on Cancer, IARC）是世界卫生组织下属的一个跨政府机构，该机构的主要任务是进行和促进对癌症病因的研究，也进行世界范围内的癌症的流行病学调查和研究工作。

F.3　欧洲化学品管理局（European Chemicals Agency, ECHA）

来源：https://echa.europa.eu/search-for-chemicals

F.4　化学物质毒性数据库（Registry of Toxic Effects of Chemical Substances, RTECS）

来源：http://www.cdc.gov/niosh-rtecs/ds1ab3f0.html

数据源描述：RTECS 数据源是由美国国家职业安全卫生研究所提供，主要记录化学物质毒性资料，如半数致死量（LD_{50} 或 LC_{50}）、最低中毒剂量（TDLo）等。目前，该数据库包含由 152970 多种化学物质。

F.5　美国国家毒理学工作计划（National Toxicology Program, NTP）

来源：https://ntp.niehs.nih.gov/

数据源描述：美国国家毒理学工作计划（NTP）旨在提供为保护美国公民不受环境中化学物质的损害的科学资料。NTP 的研究工作包括遗传毒理学、致癌作用、代谢、一般毒理学、免疫毒理学、神经行为毒理学和肺毒理学等。

F.6　美国 ECOTOX 污染物毒性数据库

来源：https://cfpub.epa.gov/ecotox/ecotox_home.cfm

数据源描述：美国 ECOTOX 数据库提供水生生物、陆生植物以及野生动物的化学物质毒性信息。该数据库提供了污染物的急性毒性数据、慢性暴露数据等。

F.7　化学品毒性评估数据库（International Toxicity Estimates for Risk, ITER）

来源：https://toxnet.nlm.nih.gov/

数据源描述：化学品毒性评估数据库，它是一个独立的非营利性网站，它隶属美国级 TERA 科技合作研究所。数据库分为风险评估技术方法、人体健康评估、培训、公共宣传几个子栏目。

F.8　国际化学品安全规划署，欧盟委员会，国际化学品安全卡

来源：http://www.inchem.org/

数据源描述：《国际化学品安全卡》是联合国环境规划署（UNEP）、国际劳工组织（ILO）和世界卫生组织（WHO）的合作机构国际化学品安全规划署（IPCS）与欧盟委员会（EU）合作编辑的一套具有国际权威性和指导性的化学品安全信息卡片。列入卡片名单的化学品大多是具有易燃、爆炸性及对人体健康和环境有毒性或潜在危害的常用危险化学品，其中包括已列入鹿特丹化学品公约（PIC 公约）国际上禁用或严格限用的危险化学品和农药 27 种；国际公约控制的持久性有机污染物 8 种；欧盟规定的重大危险源化学物质 74 种。现已出版的 1100 多张化学品安全卡中，无机化学品有 274 种，占 23.4%；有机化学品 762 种，占 65.0%；化学农药 142 种，占 12%。

附录 G 不同国家和地区优先污染物监测指标

附表 G-1 不同国家和地区优先污染物监测指标

序号	分类	CAS 号	中文名	英文名	中国	美国	澳大利亚	加拿大
1	金属及其化合物	7440-38-2	砷	Arsenic	√	√	√	√
2	金属及其化合物	7440-02-0	镍	Nickel	√	√	√	√
3	金属及其化合物	7440-43-9	镉	Cadmium	√	√	√	√
4	金属及其化合物	7439-92-1	铅	Lead	√	√	√	
5	金属及其化合物	7439-96-5	锰	Manganese		√	√	
6	金属及其化合物	7439-97-6	汞	Mercury	√	√	√	
7	金属及其化合物	7440-05-3	钯	Palladium		√		
8	金属及其化合物	7440-22-4	银	Silver		√		
9	金属及其化合物	7440-28-0	铊	Thallium	√	√		
10	金属及其化合物	7440-36-0	锑	Antimony		√	√	
11	金属及其化合物	7440-39-3	钡	Barium		√		
12	金属及其化合物	7440-41-7	铍	Beryllium	√	√	√	
13	金属及其化合物	7440-42-8	硼	Boron		√		
14	金属及其化合物	7440-47-3	铬	Chromium	√	√		
15	金属及其化合物	7440-47-3	三价铬	Chromium(Ⅲ)			√	
16	金属及其化合物	18540-29-9	六价铬	Chromium(Ⅵ)		√	√	√
17	金属及其化合物	7440-48-4	钴	Cobalt		√	√	
18	金属及其化合物	7440-50-8	铜	Copper	√	√		
19	金属及其化合物	7440-62-2	钒	Vanadium		√		
20	金属及其化合物	7440-66-6	锌	Zinc		√	√	
21	金属及其化合物	7429-90-5	铝	Aluminum		√		
22	金属及其化合物	7782-49-2	硒	Selenium		√	√	
23	金属及其化合物	7487-94-7	氯化汞	Mercury chloride		√		

序号	分类	CAS 号	中文名	英文名	中国	美国	澳大利亚	加拿大
24	金属及其化合物	22967-92-6	甲基汞	Methylmercury		√		
25	金属及其化合物	75-60-5	二甲次胂酸	Dimethylarsinic acid		√		
26	金属及其化合物	7784-46-5	亚砷酸钠	Sodium arsenite		√		
27	金属及其化合物	1327-53-3	三氧化二砷	Arsenic trioxide		√		
28	金属及其化合物	7738-94-5	铬酸	Chromic acid		√		
29	金属及其化合物	1333-82-0	三氧化铬	Chromium (Ⅵ) trioxide		√		
30	金属及其化合物	12035-72-2	二硫化三镍	Nickel subsulfide			√	
31	金属及其化合物	13463-39-3	羰基镍	Nickel carbonyl			√	
32	金属及其化合物	1309-48-4	氧化镁烟雾	Magnesium oxide flame			√	
33	芳香族化合物	71-43-2	苯	Benzene	√	√	√	√
34	芳香族化合物	108-88-3	甲苯	Toluene	√	√	√	√
35	芳香族化合物	100-41-4	乙苯	Ethylbenzene	√	√		
36	芳香族化合物	1330-20-7	二甲苯	Xylenes		√	√	√
37	芳香族化合物	106-42-3	对二甲苯	*p*-Xylene	√			
38	芳香族化合物	108-38-3	间二甲苯	*m*-Dimethylbenzene	√			
39	芳香族化合物	95-47-6	邻二甲苯	1,2-Dimethylbenzene	√			
40	芳香族化合物	100-42-5	苯乙烯	Phenylethylene	√		√	√
41	芳香族化合物	108-90-7	氯苯	Chlorobenzene	√	√		√
42	芳香族化合物	25321-22-6	二氯苯	Dichlorobenzene		√		
43	芳香族化合物	95-50-1	1,2-二氯苯	1,2-Dichlorobenzene	√	√		√
44	芳香族化合物	106-46-7	1,4-二氯苯	1,4-Dichlorobenzene	√	√		√
45	芳香族化合物	541-73-1	1,3-二氯苯	1,3-Dichlorobenzene	√	√		
46	芳香族化合物	12002-48-1	三氯苯	Trichlorobenzenes		√		√
47	芳香族化合物	120-82-1	1,2,4-三氯苯	1,2,4-Trichlorobenzene		√		
48	芳香族化合物	87-61-6	1,2,3-三氯苯	1,2,3-Trichlorobenzene		√		
49	芳香族化合物	95-94-3	四氯苯	Tetrachlorobenzenes				√
50	芳香族化合物	118-74-1	六氯苯	Hexachlorobenzene	√	√	√	√
51	芳香族化合物	98-95-3	硝基苯	Nitrobenzene	√	√		
52	芳香族化合物	99-35-4	1,3,5-三硝基苯	1,3,5-Trinitrobenzene		√		

续表

序号	分类	CAS 号	中文名	英文名	中国	美国	澳大利亚	加拿大
53	芳香族化合物	99-99-0	对硝基甲苯	*p*-Nitrophenylmethane	√			
54	芳香族化合物	118-96-7	三硝基甲苯	Trinitrotoluene	√			
55	芳香族化合物	121-14-2	2,4-二硝基甲苯	2,4-Dinitrotoluene	√	√		
56	芳香族化合物	25321-14-6	二硝基甲苯	Dinitrotoluene		√		
57	芳香族化合物	606-20-2	2,6-二硝基甲苯	2,6-Dinitrotoluene		√		
58	芳香族化合物	100-00-5	对硝基氯苯	*p*-Nitrochlorobenzene	√			
59	芳香族化合物	97-00-7	2,4-二硝基氯苯	2,4-Dinitrochlorobenzene	√			
60	芳香族化合物	581-40-8	1,2-二甲基萘	1,2-Dimethylnaphthalene		√		
61	芳香族化合物	91-57-6	2-甲基萘	2-Methylnaphthalene		√		
62	芳香族化合物	98-82-8	异丙苯	Cumene			√	
63	芳香族化合物	92-52-4	联苯	Biphenyl(1,1-biphenyl)			√	
64	酚类	108-95-2	苯酚	Phenol	√	√	√	√
65	酚类	—	氯酚	Chlorophenols(di,tri,tetra)			√	
66	酚类	95-57-8	2-氯苯酚	2-Chlorophenol		√		
67	酚类	120-83-2	2,4-二氯苯酚	2,4-Dichlorophenol	√	√		
68	酚类	95-95-4	2,4,5-三氯苯酚	2,4,5-Trichlorophenol		√		
69	酚类	88-06-2	2,4,6-三氯苯酚	2,4,6-Trichlorophenol	√	√		
70	酚类	25167-83-3	四氯苯酚	Tetrachlorophenol		√		
71	酚类	87-86-5	五氯酚	Pentachlorophenol	√	√		
72	酚类	59-50-7	对氯间甲酚	*p*-Chloro-*m*-cresol		√		
73	酚类	824-78-2	对硝基酚	*p*-Nitrophenol	√			
74	酚类	51-28-5	2,4-二硝基酚	2,4-Dinitrophenol		√		
75	酚类	88-75-5	2-硝基酚	2-Nitrophenol		√		
76	酚类	100-02-7	4-硝基酚	4-Nitrophenol	√	√		
77	酚类	1319-77-3	甲酚	Cresol		√		
78	酚类	95-48-7	邻甲酚	*o*-Cresol		√		
79	酚类	106-44-5	对甲酚	*p*-Cresol		√		
80	酚类	108-39-4	间甲酚	3-Methylphenol	√			
81	酚类	105-67-9	2,4-二甲基酚	2,4-Dimethylphenol		√		

续表

序号	分类	CAS 号	中文名	英文名	中国	美国	澳大利亚	加拿大
82	酚类	25154-52-3	壬基酚	Nonylphenol				√
83	酚类	609-93+8	2,6-二硝基对甲酚	2,6-Dinitro-p-cresol		√		
84	酚类	7440-14-4	4,6-二硝基邻甲酚	4,6-dinitro-o-cresol		√		
85	卤代脂肪烃	74-82-8	甲烷	Methane		√		
86	卤代脂肪烃	74-87-3	氯甲烷	Chloromethane		√		
87	卤代脂肪烃	75-09-2	二氯甲烷	Dichloromethane	√	√	√	√
88	卤代脂肪烃	67-66-3	三氯甲烷	Trichloromethane	√	√	√	√
89	卤代脂肪烃	56-23-5	四氯甲烷	Tetrachloromethane	√	√		
90	卤代脂肪烃	74-83-9	溴甲烷	Bromomethane		√		
91	卤代脂肪烃	124-48-1	二溴一氯甲烷	Dibromochloromethane		√		
92	卤代脂肪烃	75-25-2	三溴甲烷	Bromoform	√	√		
93	卤代脂肪烃	75-27-4	二氯溴甲烷	Bromodichloromethane		√		
94	卤代脂肪烃	75-69-4	氟三氯甲烷	Trichlorofluoromethane		√		
95	卤代脂肪烃	75-71-8	二氟二氯甲烷	Dichlorodifluoromethane		√		
96	卤代脂肪烃	75-00-3	氯乙烷	Chloroethane		√	√	
97	卤代脂肪烃	1300-21-6	二氯乙烷	Dichloroethane		√		
98	卤代脂肪烃	107-06-2	1,2-二氯乙烷	1,2-Dichloroethane	√	√	√	√
99	卤代脂肪烃	75-35-4	1,1-二氯乙烷	1,1-Dichloroethene	√	√		
100	卤代脂肪烃	25323-89-1	三氯乙烷	Trichloroethene		√		
101	卤代脂肪烃	71-55-6	1,1,1-三氯乙烷	1,1,1-Trichloroethane	√	√		√
102	卤代脂肪烃	79-00-5	1,1,2-三氯乙烷	1,1,2-Trichloroethane	√	√		
103	卤代脂肪烃	25322-20-7	四氯乙烷	Tetrachloroethane		√		
104	卤代脂肪烃	79-34-5	1,1,2,2-四氯乙烷	1,1,2,2-Tetrachloroethane	√	√	√	√
105	卤代脂肪烃	67-72-1	六氯乙烷	Hexachloroethane		√		
106	卤代脂肪烃	27154-33-2	三氟乙烷	Trichlorofluoroethane		√		
107	卤代脂肪烃	106-93-4	1,2-二溴乙烷	1,2-Dibromoethane		√	√	
108	卤代脂肪烃	542-75-6	1,3-二氯丙烷	1,3-Dichloropropene		√		
109	卤代脂肪烃	1996/12/8	二溴氯丙烷	Dibromochloropropane		√		
110	卤代脂肪烃	96-18-4	1,2,3-三氯丙烷	1,2,3-Trichloropropane		√		

续表

序号	分类	CAS 号	中文名	英文名	中国	美国	澳大利亚	加拿大
111	卤代脂肪烃	78-87-5	1,2-二氯丙烷	1,2-Dichloropropane		√		
112	卤代脂肪烃	110-54-3	正己烷	n-Hexane			√	
113	卤代脂肪烃	110-82-7	环己烷	Hexanaphthene	√		√	
114	卤代脂肪烃	1975/1/4	氯乙烯	Chlorothene	√	√	√	
115	卤代脂肪烃	156-59-2	顺式 1,2-二氯乙烯	cis-1,2-Dichloroethene		√		
116	卤代脂肪烃	156-60-5	反式 1,2-二氯乙烯	trans-1,2-Dichloroethene		√		
117	卤代脂肪烃	10061-01-5	顺式 1,3-二氯丙烯	cis-1,3-Dichloropropene		√		
118	卤代脂肪烃	10061-02-6	反式 1,3-二氯丙烯	trans-1,3-Dichloropropene		√		
119	卤代脂肪烃	106-99-0	1,3-丁二烯	1,3-Butadiene		√	√	√
120	卤代脂肪烃	127-18-4	四氯乙烯	Tetrachloroethene	√	√	√	√
121	卤代脂肪烃	1979/1/6	三氯乙烯,丙烯酰胺	Trichlorethylene	√	√	√	
122	卤代脂肪烃	77-47-4	六氯环戊二烯	Hexachlorocyclopentadiene		√		
123	卤代脂肪烃	87-68-3	六氯丁二烯	Hexachlorobntadiene		√		
124	卤代脂肪烃	85535-86-0	氯化石蜡	Chlorinated paraffins				√
125	多环芳烃类	—	多环芳烃	Polycyclic aromatic hydrocarbons		√	√	√
126	多环芳烃类	91-20-3	萘	Naphthalene	√	√		
127	多环芳烃类	83-32-9	苊	Acenaphthene		√		
128	多环芳烃类	208-96-8	苊烯	Acenaphthylene		√		
129	多环芳烃类	86-73-7	芴	Fluorene		√		
130	多环芳烃类	120-12-7	蒽	Anthracene	√	√		
131	多环芳烃类	1985/1/8	菲	Phenanthrene		√		
132	多环芳烃类	129-00-0	芘	Pyrene		√		
133	多环芳烃类	206-44-0	荧蒽	Fluoranthene	√	√		
134	多环芳烃类	218-01-9	䓛	Chrysene		√		
135	多环芳烃类	56-55-3	苯并[a]蒽	Benz[a]anthracene		√		
136	多环芳烃类	205-99-2	苯并[b]荧蒽	Benzo[b]fluoranthene	√	√		
137	多环芳烃类	207-08-9	苯并[k]荧蒽	Benzo[k]fluoranthene	√	√		
138	多环芳烃类	50-32-8	苯并[a]芘	Benzo[a]pyrene	√	√		
139	多环芳烃类	191-24-2	苯并[g,h,i]苝	Benzo[g,h,i]perylene	√	√		

序号	分类	CAS 号	中文名	英文名	中国	美国	澳大利亚	加拿大
140	多环芳烃类	193-39-5	茚并[1,2,3-*cd*]芘	Indeno[123-*cd*]pyrene	√	√		
141	多环芳烃类	53-70-3	二苯并[*a,h*]蒽	Dibenz[*a,h*]anthracene		√		
142	多氯联苯	—	多氯联苯（6 种 PCB 化合物）	Polychlorinated biphenyl (6 PCBarochlors)	√	√		
143	多氯联苯	11096-82-5	多氯联苯 1260	Aroclor 1260		√		
144	多氯联苯	11097-69-1	多氯联苯 1254	Aroclor 1254		√		
145	多氯联苯	11100-14-4	多氯联苯 1268	Aroclor 1268		√		
146	多氯联苯	11104-28-2	多氯联苯 1221	Aroclor 1221		√		
147	多氯联苯	11141-16-5	多氯联苯 1232	Aroclor 1232		√		
148	多氯联苯	12672-29-6	多氯联苯 1248	Aroclor 1248		√		
149	多氯联苯	12674-11-2	多氯联苯 1016	Aroclor 1016		√		
150	多氯联苯	53469-21-9	多氯联苯 1242	Aroclor 1242		√		
151	多氯联苯	71328-89-7	多氯联苯 1240	Aroclor 1240		√		
152	多氯联苯	26914-33-0	四氯联苯	Tetrachlorobiphenyl		√		
153	多氯联苯	91-58-7	2-氯萘	2-Chloronaphthalene		√		
154	多溴联苯	67774-32-7	多溴联苯	Polybrominated biphenyls		√		
155	多溴联苯醚	101-55-3	4-溴联苯醚	4-Bromophenylphenylether		√		
156	酞酸酯类	131-11-3	邻苯二甲酸二甲酯	Dimethyl phthalate	√	√		
157	酞酸酯类	34006-76-3	邻苯二甲酸二甲氧基乙酯	Butylmethyl phthalate		√		
158	酞酸酯类	84-66-2	邻苯二甲酸酸二乙酯	Diethyl phthalate		√		
159	酞酸酯类	84-74-2	邻苯二甲酸二正丁酯	Di-*n*-butyl phthalate	√	√	√	√
160	酞酸酯类	103-23-1	己二酸二辛酯	Bis (2-ethylhexyl) adipate		√		
161	酞酸酯类	117-81-7	邻苯二甲酸二辛酯	Bis (2-ethylhexyl) phthalate	√	√	√	√
162	酞酸酯类	117-84-0	邻苯二甲酸二正辛酯	Di-*n*-octyl phthalate		√		√
163	酞酸酯类	93952-13-7	酞酸二辛酯（邻苯二甲酸二辛酯）	Dioctyl phthalate (dioctyl phthalate)	√			
164	酞酸酯类	85-68-7	邻苯二甲酸丁苄酯	Butyl benzyl phthalate		√		√
165	农药	12789-03-6	氯丹	Chlordane	√	√		
166	农药	27304-13-8	氧化氯丹	Oxychlordane		√		

序号	分类	CAS 号	中文名	英文名	中国	美国	澳大利亚	加拿大
167	农药	5103-71-9	顺式氯丹	*cis*-Chlordane		√		
168	农药	5103-74-2	反式氯丹	*trans*-Chlordane		√		
169	农药	56534-02-2	α-氯丹	alpha-Chlordene		√		
170	农药	56641-38-4	γ-氯丹	gamma-Chlordene		√		
171	农药	115-29-7	硫丹	Endosulfan		√		
172	农药	33213-65-9	β-硫丹	Endosulfan,beta		√		
173	农药	959-98-8	α-硫丹	Endosulfan,alpha		√		
174	农药	1031-07-8	硫酸硫丹	Endosulfan sulfate		√		
175	农药	1024-57-3	环氧七氯	Heptachlor epoxide		√		
176	农药	76-44-8	七氯	Heptachlor	√	√		
177	农药	50-29-3	滴滴涕	DDT	√	√		
178	农药	72-54-8	滴滴滴	DDD		√		
179	农药	72-55-9	滴滴伊	DDE		√		
180	农药	72-43-5	甲氧滴滴涕	Methoxychlor		√		
181	农药	52-68-6	敌百虫	Trichlorfon	√			
182	农药	309-00-2	艾氏剂	Aldrin	√	√		
183	农药	330-54-1	敌草隆	Diuron		√		
184	农药	608-73-1	六六六（α,β,δ-同分异构体）	Hexachlorocyclohexane(α,β,δ-isomers)	√			
185	农药	58-89-9	γ-六六六	γ-Hexachlorocyclohexane		√		
186	农药	60-51-5	乐果	Dimethoate	√	√		
187	农药	60-57-1	狄氏剂	Dieldrin	√	√		
188	农药	72-20-8	异狄氏剂	Endrin	√	√		
189	农药	62-73-7	敌敌畏	Dichlorvos	√	√		
190	农药	8001-35-2	毒杀芬	Toxaphene	√	√		
191	农药	1582-09-8	氟乐灵	Trifluralin		√		
192	农药	1836-75-5	除草醚	Herbicides	√			
193	农药	2008-41-5	丁草特	Butylate		√		
194	农药	2385-85-5	灭蚁灵	Hexachlorocyclopentadiene dimer	√			

序号	分类	CAS 号	中文名	英文名	中国	美国	澳大利亚	加拿大
195	农药	2921-88-2	毒死蜱	Chlorpyrifos		√		
196	农药	13194-48-4	灭线磷	Ethoprop		√		
197	农药	298-00-0	甲基对硫磷	Methyl parathion	√			
198	农药	298-02-2	甲拌磷	Phorate		√		
199	农药	298-04-4	乙拌磷	Disulfoton		√		
200	农药	300-76-5	二溴磷	Naled		√		
201	农药	333-41-5	二嗪磷	Diazinon		√		
202	农药	563-12-2	乙硫磷	Ethion		√		
203	农药	56-38-2	对硫磷	Parathion	√	√		
204	农药	78-48-8	脱叶磷	*S,S,S*-Tributylphosphorotrithioate		√		
205	农药	786-19-6	三硫磷	Carbophenothion		√		
206	农药	86-50-0	甲基谷硫磷	Azinphos-methyl		√		
207	农药	115-32-2	三氯杀螨醇	Dicofol		√		
208	农药	7421-93-4	异狄氏醛	Endrin aldehyde		√		
209	农药	78-59-1	异佛尔酮	Isophorone		√		
210	农药	8001-50-1	氯化松节油	Strobane		√		
211	农药	8003-34-7	除虫菊	Pyrethrum		√		
212	农药	94-75-7	2,4-滴	2,4-D		√		
213	全氟化合物	1763-23-1	全氟辛烷磺酸	Perfluorooctane sulfonic acid		√		
214	全氟化合物	335-67-1	全氟辛酸	Perfluorooctanoic acid		√		
215	全氟化合物	355-46-4	全氟己基磺酸	Perfluorohexanesulfonic acid		√		
216	全氟化合物	375-95-1	全氟壬酸	Perfluorononanoic acid		√		
217	二噁英	—	多氯代二苯并二噁英	Polychlorinated dibenzodioxins			√	√
218	二噁英	1746-01-6	四氯二苯并对二噁英	TCDD	√	√		
219	二噁英	41903-57-5	四氯二苯并对二噁英	Tetrachlorodibenzo-*p*-dioxin		√		
220	二噁英	36088-22-9	五氯二苯并对二噁英	Pentachlorodibenzo-*p*-dioxin		√		
221	二噁英	34465-46-8	六氯二苯并对二噁英	Hexachlorodibenzo-*p*-dioxin		√		
222	二噁英	35822-46-9	1,2,3,4,6,7,8-七氯二苯并对二噁英	1,2,3,4,6,7,8-Heptachlorodibenzo-*p*-dioxin		√		

续表

序号	分类	CAS 号	中文名	英文名	中国	美国	澳大利亚	加拿大
223	二噁英	37871-00-4	七氯二苯并对二噁英	Heptachlorodibenzo-*p*-Dioxin		√		
224	二噁英	—	多氯代二苯并呋喃	Polychlorinated dibenzofurans			√	√
225	二噁英	132-64-9	二苯并呋喃	Dibenzo[*b,d*]furan		√		
226	二噁英	42934-53-2	氯代二苯并呋喃	Chlorodibenzofuran		√		
227	二噁英	51207-31-9	2,3,7,8-四氯二苯并呋喃	2,3,7,8-Tetrachlorodibenzofuran	√	√		
228	二噁英	30402-15-4	五氯二苯并呋喃	Pentachlorodibenzofuran		√		
229	二噁英	57117-31-4	2,3,4,7,8-五氯二苯并呋喃	2,3,4,7,8-Pentachlorodibenzofuran		√		
230	二噁英	55684-94-1	六氯二苯并呋喃	Hexachloro-dibenzofuran		√		
231	二噁英	38998-75-3	七氯二苯并呋喃	Heptachlorodibenzofuran		√		
232	二噁英	67562-39-4	1,2,3,4,6,7,8-七氯二苯并呋喃	1,2,3,4,6,7,8-Heptachlorodibenzofuran		√		
233	二噁英	39001-02-0	1,2,3,4,6,7,8,9-八氯二苯并呋喃	1,2,3,4,6,7,8,9-Octachlorodibenzofuran		√		
234	醛酮类	50-00-0	甲醛	Fonnaldehyde(methylaldehyde)	√	√	√	√
235	醛酮类	75-07-0	乙醛	Acetal dehyde	√		√	√
236	醛酮类	107-02-8	丙烯醛	Acrolein		√		
237	醛酮类	111-30-8	戊二醛	Glutaraldehyde			√	
238	醛酮类	67-64-1	丙酮	Acetone	√	√		
239	醛酮类	78-93-3	丁酮	2-Butanone		√		
240	醛酮类	591-78-6	2-己酮	2-Hexanone		√		
241	醛酮类	106-35-4	乙基丁基酮	Ethylbutylketone			√	
242	醛酮类	108-10-1	甲基异丁酮	Methyl isobutyl ketone			√	
243	醛酮类	143-50-0	十氯酮	Chlordecone		√		
244	醛酮类	53494-70-5	异狄氏剂酮	Endrin ketone		√		
245	醛酮类	78-93-3	甲基乙基酮	Methyl ethyl ketone			√	
246	羧酸类	108-24-7	乙酸酐	Ethanoic anhydride	√			
247	羧酸类	64-19-7	乙酸	Acetic acid(ethanoic acid)	√		√	
248	羧酸类	65-85-0	苯甲酸	Benzenecarboxylic acid	√			
249	羧酸类	79-10-7	丙烯酸	Acryhc acid			√	

序号	分类	CAS 号	中文名	英文名	中国	美国	澳大利亚	加拿大
250	腈类	107-13-1	丙烯腈	Acrylonitrile	√	√	√	√
251	腈类	75-05-8	乙腈	Acetonitrile			√	
252	醚类	107-30-2	氯甲基甲醚	Chloromethyl methyl ether				√
253	醚类	109-86-4	乙二醇甲醚	2-Methoxyethanol			√	
254	醚类	—	乙二醇单甲醚,乙二醇单乙醚,乙二醇单丁醚	2-Methoxy ethanol,2-Ethoxy ethanol,2-Butoxy ethanol				√
255	醚类	542-88-1	二氯甲醚	Bis (chloromethyl) ether		√		√
256	醚类	111-44-4	双-（2-氯甲基）醚	Bis (2-chloroethyl) ether		√		√
257	醚类	108-60-1	双-（2-氯异丙基）醚	2-Chlorcethylvinylether		√		
258	醚类	111-91-1	双-（2-氯乙氧基）甲烷	Bis (2-chloroethoxy) methane		√		
259	醚类	110-75-8	2-氯乙基-乙烯基醚	2-Chloroethyl vinyl ether		√		
260	醚类	110-80-5	乙二醇单乙醚	2-Ethoxyethanol			√	√
261	醚类	60-29-7	乙醚	Ether		√		
262	醚类	1634-04-4	甲基叔丁基醚	Methyl tertiary-butyl ether				√
263	醚类	7005-72-3	4-氯二苯醚	4-Chlorophenylphenylether		√		
264	胺类	62-53-3	苯胺	Aniline	√		√	√
265	胺类	100-01-6	对硝基苯胺	4-Nitroaniline	√			
266	胺类	86-30-6	N-硝基二苯胺	N-Nitrosodiphenylamine		√		
267	胺类	10599-90-3	无机氯胺	Inorganic chloramines				√
268	胺类	108-69-0	3,5-二甲基苯胺	3,5-Dimethylaniline				√
269	胺类	91-94-1	3,3′-二氯联苯胺	3,3′-Dichlorobenzidine		√		√
270	胺类	92-67-1	4-氨基联苯	4-Aminobiphenyl		√		
271	胺类	92-87-5	联苯胺	Benzidine		√		√
272	胺类	95-51-2	邻氯苯胺	2-Chloroaniline		√		
273	胺类	99-30-9	2,6-二氯硝基苯胺	2,6-Dichloro-4-nitroaniline	√			
274	胺类	121-69-7	二甲基苯胺	Dimethylaniline		√		
275	胺类	101-14-4	硫化剂 MOCA	4,4-Methylen-bis-2,4-aniline(MOCA)		√	√	
276	胺类	122-66-7	1,2-二苯肼	1,2-Diphenylhydrazine		√		
277	胺类	156-10-5	对亚硝基二苯胺	4-Nitrosodiphenylamine		√		

续表

序号	分类	CAS 号	中文名	英文名	中国	美国	澳大利亚	加拿大
278	胺类	26471-56-7	二硝基苯胺	Dinitroaniline	√			
279	胺类	51218-45-2	异丙甲草胺	Metolachlor		√		
280	胺类	621-64-7	二正丙基亚硝胺	Di-*n*-propyl nitrosamine	√	√		
281	胺类	62-75-9	*N*-二甲基亚酰胺	*N*-Nitrosodimethylamine(NDMA)		√		√
282	胺类	1968/12/2	*N*,*N*-二甲基甲酰胺	*N*,*N*-Dimethylformamide(DMF)		√		√
283	胺类	86-74-8	咔唑	Carbazole		√		
284	醇类	67-56-1	甲醇	Methanol			√	
285	醇类	107-21-1	乙二醇	Ethylene glycol			√	√
286	醇类	64-17-5	乙醇	Ethanol			√	
287	醇类	71-36-3	正丁醇	*n*-Butanol	√			
288	脂类	110-49-6	乙二醇甲醚乙酸酯	2-Methoxyethanol acetate			√	
289	脂类	111-15-9	乙二醇单乙醚乙酸酯	2-Ethoxyethanol acetate			√	
290	脂类	80-62-6	甲基丙烯酸甲酯	Methyl methacrylate	√		√	√
291	酯类	141-78-6	乙酸乙酯	Ethyl acetate			√	
292	酯类	26447-40-5	亚甲基双（异氰酸苯酯）	Methylenebis (phenyhsocyanate)			√	
293	酯类	584-84-9	甲苯-2,4-二异氰酸酯	Toluene-2,4-disocyanate			√	
294	酯类	1978/11/5	季戊四醇四硝酸酯	Pentaerythritol tetranitrate		√		
295	无机化合物	—	氮氧化物	Oxides of nitrogen			√	
296	无机化合物	—	氟化物	Fluoride compounds		√	√	
297	无机化合物	—	可吸入颗粒物 PM$_{10}$	Particulate matter(10 μm)			√	
298	无机化合物	—	氧化铝,硝酸铝,硫酸铝	Aluminum chloride, Aluminum nitrate, Aluminum sulphate				√
299	无机化合物	14797-55-8	硝酸钾	Nitrate		√		
300	无机化合物	14797-65-0	亚硝酸盐	Nitrite		√		
301	无机化合物	302-04-5	硫氰酸盐	Thiocyanate		√		
302	无机化合物	630-08-0	一氧化碳	Carbon monoxide		√	√	
303	无机化合物	7446-09-5	二氧化硫	Sulphur dioxide			√	
304	无机化合物	75-15-0	二硫化碳	Carbon disulfide	√	√	√	√
305	无机化合物	7647-01-0	盐酸	Hydrochloric acid			√	

续表

序号	分类	CAS 号	中文名	英文名	中国	美国	澳大利亚	加拿大
306	无机化合物	7664-38-2	磷酸	Phosphoric acid			√	
307	无机化合物	7664-41-7	总氨	Ammonia (total)		√	√	
308	无机化合物	7664-93-9	硫酸	Sulphuric acid			√	
309	无机化合物	7697-37-2	硝酸	Nitric acid			√	
310	无机化合物	7723-14-0	白磷	Phosphorus,white		√		
311	无机化合物	7726-95-6	溴	Bromine		√		
312	无机化合物	7782-50-5	氯	Chlorine		√	√	
313	无机化合物	7783-06-4	硫化氢	Hydrogen sulphide		√	√	
314	无机化合物	7803-51-2	磷化氢	Phosphine		√		

附表 H-1 不同国家和地区水环境质量基准/标准污染物监测指标

序号	类别	CAS号	英文名	中文名	中国	美国	WHO	欧盟	加拿大	澳大利亚	日本
1	金属及其化合物	7439-92-1	Lead	铅	√	√	√	√	√	√	√
2	金属及其化合物	7439-97-6	Mercury	汞	√	√	√	√	√	√	√
3	金属及其化合物	7440-43-9	Cadmium	镉	√	√	√	√	√	√	√
4	金属及其化合物	7440-02-0	Nickel	镍	√	√		√	√	√	
5	金属及其化合物	7429-90-5	Aluminium	铝		√		√			√
6	金属及其化合物	7440-36-0	Antimony	锑	√	√	√		√	√	√
7	金属及其化合物	7440-38-2	Arsenic	砷	√	√	√		√	√	√
8	金属及其化合物	7440-39-3	Barium	钡		√	√		√	√	
9	金属及其化合物	7440-41-7	Beryllium	铍	√	√	√			√	
10	金属及其化合物	7440-42-8	Boron	硼			√		√	√	√
11	金属及其化合物	7440-47-3	Chromium	铬	√	√		√	√	√	
12	金属及其化合物	18540-29-9	Chromium(Ⅵ)	六价铬	√						√
13	金属及其化合物	7439-89-6	Iron	铁	√	√				√	√

续表

序号	类别	CAS 号	英文名	中文名	中国	美国	WHO	欧盟	加拿大	澳大利亚	日本
14	金属及其化合物	7439-96-5	Manganese	锰	√					√	√
15	金属及其化合物	7439-98-7	Molybdenum	钼		√				√	
16	金属及其化合物	7440-22-4	Silver	银		√				√	
17	金属及其化合物	7440-23-5	Sodium	钠		√	√			√	√
18	金属及其化合物	7440-28-0	Thallium	铊	√						
19	金属及其化合物	7440-31-5	Tin	锡	√					√	√
20	金属及其化合物	7440-50-8	Copper	铜	√	√	√			√	√
21	金属及其化合物	7440-66-6	Zinc	锌	√					√	√
22	金属及其化合物	7782-49-2	Selenium	硒	√		√		√	√	√
23	金属及其化合物	78-00-2	tetraethyl-lead	四乙基铅	√						
24	金属及其化合物	22967-92-6	Methylmercury	甲基汞	√	√					
25	金属及其化合物	7487-94-7	Mercury(inorganic)	氯化汞							
26	金属及其化合物	—	Alkyl mercury	烷基汞							√
27	金属及其化合物	2234-56-2	Mancozeb	代森锰锌						√	
28	金属及其化合物	17029-22-0	Hexaflurate	六氟砷酸钾				√		√	
29	芳香族化合物	71-43-2	Benzene	苯	√	√	√		√	√	√
30	芳香族化合物	108-88-3	Toluene	甲苯	√		√		√	√	
31	芳香族化合物	100-41-4	Ethylbenzene	乙苯	√				√	√	
32	芳香族化合物	1330-20-7	Xylenes	二甲苯	√		√		√	√	

续表

序号	类别	CAS 号	英文名	中文名	中国	美国	WHO	欧盟	加拿大	澳大利亚	日本
33	芳香族化合物	98-82-8	Isopropylbenzene(cumene)	异丙苯	√	√					
34	芳香族化合物	108-67-8	1,3,5-Trimethylbenzene	1,3,5-三甲苯		√				√	
35	芳香族化合物	108-90-7	Monochlorobenzene	氯苯	√	√			√	√	
36	芳香族化合物	95-50-1	1,2-dichlorobenzene(1,2-DCB)	1,2-二氯苯	√		√		√	√	
37	芳香族化合物	541-73-1	1,3-dichlorobenzene(1,3-DCB)	1,3-二氯苯						√	
38	芳香族化合物	106-46-7	1,4-dichlorobenzene(1,4-DCB)	1,4-二氯苯	√		√		√	√	
39	芳香族化合物	12002-48-1	Trichlorobenzenes(Total)	三氯苯（总）	√					√	
40	芳香族化合物	120-82-1	1,2,4-Trichlorobenzene	1,2,4-三氯苯		√		√			
41	芳香族化合物	108-70-3	1,3,5-Trichlorobenzene	1,3,5-三氯苯		√					
42	芳香族化合物	95-94-3	1,2,4,5-Tetrachlorobenzene	1,2,4,5-四氯苯	√						
43	芳香族化合物	608-93-5	Pentachlorobenzene	五氯苯				√			
44	芳香族化合物	118-74-1	Hexachlorobenzene	六氯苯	√			√			
45	芳香族化合物	106-43-4	p-Chlorotoluene	4-氯甲苯		√					
46	芳香族化合物	95-49-8	o-Chlorotoluene	2-氯甲苯		√					
47	芳香族化合物	95-63-6	1,2,4-Trimethylbenzene	1,2,4-三甲基苯	√						
48	芳香族化合物	98-95-3	Nitrobenzene	硝基苯	√						
49	芳香族化合物	25167-93-5	Chloronitrobenzene	硝基氯苯	√						
50	芳香族化合物	82-68-8	Quintozene	五氯硝基苯						√	
51	芳香族化合物	121-14-2	2,4-Dinitrotoluene	2,4-二硝基甲苯	√	√					

续表

序号	类别	CAS号	英文名	中文名	中国	美国	WHO	欧盟	加拿大	澳大利亚	日本
52	芳香族化合物	606-20-2	2,6-Dinitrotoluene	2,6-二硝基甲苯		√					
53	芳香族化合物	97-00-7	2,4-Dinitrochlorobenzene	2,4-二硝基氯苯	√						
54	芳香族化合物	99-65-0	1,3-Dinitrobenzene	1,3-二硝基苯		√					
55	芳香族化合物	118-96-7	2,4,6-Trinitrotoluene	2,4,6-三硝基甲苯	√	√					
56	芳香族化合物	91-58-7	2-Chloronaphthalene	2-氯萘		√					
57	芳香族化合物	108-86-1	Bromobenzene	溴苯	√						
58	芳香族化合物	100-42-5	Styrene(Vinylbenzene)	苯乙烯			√			√	
59	酚类	108-95-2	Phenol	苯酚		√					
60	酚类	105-67-9	2,4-Dimethylphenol	2,4-二甲基苯酚		√					
61	酚类	25154-52-3	Nonylphenol	壬基酚				√			
62	酚类	140-66-9	p-tert-Octylphenol	对叔辛基苯酚				√			
63	酚类	95-57-8	2-Chlorophenol	2-氯苯酚	√					√	
64	酚类	120-83-2	2,4-Dichlorophenol	2,4-二氯苯酚	√				√	√	
65	酚类	59-50-7	3-Methyl-4-Chlorophenol	3-甲基-4-氯苯酚	√						
66	酚类	88-06-2	2,4,6-Trichlorophenol	2,4,6-三氯苯酚	√		√		√	√	
67	酚类	95-95-4	2,4,5-Trichlorophenol	2,4,5-三氯苯酚	√	√					
68	酚类	58-90-2	2,3,4,6-Tetrachlorophenol	2,3,4,6-四氯苯酚					√		
69	酚类	87-86-5	Pentachlorophenol	五氯苯酚	√	√	√		√	√	
70	酚类	100-02-7	p-Nitrophenol	对硝基苯酚		√					

续表

序号	类别	CAS 号	英文名	中文名	中国	美国	WHO	欧盟	加拿大	澳大利亚	日本
71	酚类	25550-58-7	Dinitrophenols	二硝基苯酚		√					
72	酚类	51-28-5	2,4-Dinitrophenol	2,4-二硝基苯酚							
73	酚类	88-89-1	2,4,6-Trinitrophenol	2,4,6-三硝基苯酚,苦味酸	√						
74	酚类	88-85-7	Dinoseb	2-仲丁基-4,6-二硝基苯酚		√					
75	酚类	534-52-1	2-Methyl-4,6-Dinitrophenol	4,6-二硝基邻甲酚		√					
76	卤代脂肪烃类	110-54-3	n-Hexane	正己烷		√					
77	卤代脂肪烃类	74-87-3	Chloromethane	氯甲烷		√					
78	卤代脂肪烃类	75-09-2	Dichloromethane(methylene chloride)	二氯甲烷	√		√	√		√	√
79	卤代脂肪烃类	67-66-3	Chloroform	三氯甲烷	√		√	√	√	√	√
80	卤代脂肪烃类	124-48-1	Dibromochloromethane(THM)	二溴氯甲烷	√		√	√	√	√	√
81	卤代脂肪烃类	76-06-2	Chloropicrin	三氯硝基甲烷						√	
82	卤代脂肪烃类	74-83-9	Bromomethane	溴甲烷		√				√	
83	卤代脂肪烃类	74-97-5	Bromochloromethane	溴氯甲烷		√					
84	卤代脂肪烃类	75-25-2	Bromoform	三溴甲烷			√		√	√	√
85	卤代脂肪烃类	75-27-4	Bromodichloromethane(THM)	溴二氯甲烷			√		√		√
86	卤代脂肪烃类	75-69-4	Trichlorofluoromethane	三氯氟甲烷			√				
87	卤代脂肪烃类	75-71-8	Dichlorodifluoromethane	二氯二氟甲烷							
88	卤代脂肪烃类	107-06-2	1,2-dichloroethane	1,2-二氯乙烷	√		√	√	√	√	√
89	卤代脂肪烃类	79-00-5	1,1,2-Trichloroethane	1,1,2-二氯乙烷		√					√

续表

序号	类别	CAS号	英文名	中文名	中国	美国	WHO	欧盟	加拿大	澳大利亚	日本
90	卤代脂肪烃类	71-55-6	1,1,1-Trichloroethane	1,1,1-三氯乙烷		√					√
91	卤代脂肪烃类	79-34-5	1,1,2,2-Tetrachloroethane	1,1,2,2-四氯乙烷		√				√	
92	卤代脂肪烃类	630-20-6	1,1,1,2-Tetrachloroethane	1,1,1,2-四氯乙烷		√					
93	卤代脂肪烃类	106-93-4	1,2-Dibromoethane	1,2-二溴乙烷		√	√			√	
94	卤代脂肪烃类	67-72-1	Hexachloroethane	六氯乙烷		√					
95	卤代脂肪烃类	78-87-5	1,2-Dichloropropane	1,2-二氯丙烷		√	√				
96	卤代脂肪烃类	96-18-4	1,2,3-Trichloropropane	1,2,3-三氯丙烷		√					
97	卤代脂肪烃类	96-12-8	1,2-Dibromo-3-chloropropane	1,2-二溴-3-氯丙烷		√	√				
98	卤代脂肪烃类	56-23-5	Carbon tetrachloride	四氯化碳	√				√		√
99	卤代脂肪烃类	85535-84-8	C₁₀₋₁₃ Chloroalkanes	C₁₀₋₁₃的氯代烷烃				√			
100	卤代脂肪烃类	75-01-4	Vinyl chloride	氯乙烯	√	√	√		√	√	√
101	卤代脂肪烃类	540-59-0	1,2-Dichloroethene(1,2-DCE)	1,2-二氯乙烯	√	√	√		√		√
102	卤代脂肪烃类	75-35-4	1,1-Dichloroethylene	1,1-二氯乙烯	√	√			√		√
103	卤代脂肪烃类	156-59-2	Cis-1,2-Dichloroethylene	顺-1,2-二氯乙烯	√	√					√
104	卤代脂肪烃类	156-60-5	Trans-1,2-Dichloroethylene	反-1,2-二氯乙烯	√	√					√
105	卤代脂肪烃类	542-75-6	1,3-Dichloropropene	1,3-二氯丙烯	√	√	√				√
106	卤代脂肪烃类	78-87-5	1,2-Dichloropropane	1,2-二氯丙烷	√	√					
107	卤代脂肪烃类	79-01-6	Trichloroethylene(TCE)	三氯乙烯	√	√			√	√	√
108	卤代脂肪烃类	127-18-4	Tetrachloroethene	四氯乙烯	√	√	√		√	√	√

续表

序号	类别	CAS 号	英文名	中文名	中国	美国	WHO	欧盟	加拿大	澳大利亚	日本
109	卤代脂肪烃类	87-68-3	Hexachlorobutadiene	六氯丁二烯	√	√	√	√		√	
110	卤代脂肪烃类	77-47-4	Hexachlorocyclopentadiene	六氯环戊二烯		√		√		√	
111	卤代脂肪烃类	8006-64-2	Turpentine	松节油	√						
112	杂环化合物	505-29-3	1,4-Dithiane	1,4-二噻烷		√					
113	杂环化合物	106-89-8	Epichlorohydrin	环氧氯丙烷	√	√	√			√	
114	杂环化合物	123-91-1	1,4-Dioxane	1,4-二氧己烷,1,4-二氧杂环己烷	√	√	√				√
115	多环芳烃	—	Polyaromatic aromatic hydrocarbons	多环芳烃				√			
116	多环芳烃	91-20-3	Naphthalene	萘		√		√			
117	多环芳烃	83-32-9	Acenaphthene	苊	√	√					
118	多环芳烃	86-73-7	Fluorene	芴		√					
119	多环芳烃	129-00-0	Pyrene	芘	√	√	√				
120	多环芳烃类	85-01-8	Phenanthrene	菲		√					
121	多环芳烃	120-12-7	Anthracene	蒽		√		√			
122	多环芳烃	56-55-3	Benz[a]anthracene	苯并[a]蒽		√					
123	多环芳烃	206-44-0	Fluoranthene	荧蒽		√		√			
124	多环芳烃	218-01-9	Chrysene	䓛		√					
125	多环芳烃	205-99-2	Benzo [b] fluoranthene	苯并[b]荧蒽		√	√	√			
126	多环芳烃	207-08-9	Benzo [k] fluoranthene	苯并[k]荧蒽		√	√	√			
127	多环芳烃	50-32-8	Benzo [a] pyrene	苯并[a]芘	√	√	√	√	√		

续表

序号	类别	CAS号	英文名	中文名	中国	美国	WHO	欧盟	加拿大	澳大利亚	日本
128	多环芳烃	53-70-3	Dibenzo (*a,h*) anthracene	二苯并(*a,h*)蒽		√					
129	多环芳烃	191-24-2	Benzo[*g,h,i*]perylene	苯并[*g,h,i*]苝		√		√			
130	多环芳烃	193-39-5	Indeno[1,2,3,-*cd*]pyrene(PAH)	茚并[1,2,3,-*cd*]芘		√		√			
131	多氯联苯	—	PCBs	多氯联苯	√						√
132	多溴联苯醚	—	Brominated diphenylethers	多溴联苯醚				√			
133	六溴环十二烷	—	Hexabromocyclododecanes (HBCDD)	六溴环十二烷				√			
134	二噁英类	1746-01-6	2,3,7,8-TCDD(Dioxin)	四氯二苯并二噁英		√					
135	酞酸酯类	131-11-3	Dimethyl Phthalate	邻苯二甲酸二甲酯		√					
136	酞酸酯类	117-81-7	Bis (2-Ethylhexyl) Phthalate	邻苯二甲酸二(2-乙基)己酯							
137	酞酸酯类	84-66-2	Diethyl Phthalate	邻苯二甲酸二乙酯							
138	酞酸酯类	117-81-7	Di (2-ethylhexyl) phthalate (DEHP)	邻苯二甲酸二辛酯			√	√		√	
139	酞酸酯类	84-74-2	Dibutyl phthalate	邻苯二甲酸二丁酯		√					
140	酞酸酯类	85-68-7	Butyl benzyl phthalate	邻苯二甲酸丁苄酯		√		√			
141	农药类	608-73-1	Hexachlorocyclohexane (HCH)	六六六		√					
142	农药类	58-89-9	gamma-Hexachlorocyclohexane (HCH)	γ-六六六		√		√			
143	农药类	319-84-6	alpha-Hexachlorocyclohexane (HCH)	α-六六六		√					
144	农药类	319-85-7	beta-Hexachlorocyclohexane (HCH)	β-六六六		√					
145	农药类	50-29-3	DDT(1,1,1-trichloro-di-(4-chlorophenyl) ethane)	滴滴涕		√	√			√	

续表

序号	类别	CAS 号	英文名	中文名	中国	美国	WHO	欧盟	加拿大	澳大利亚	日本
146	农药类	72-54-8	p,p'-Dichlorodiphenyldichloroethane (DDD)	滴滴滴		√					
147	农药类	72-43-5	Methoxychlor	甲氧滴滴涕		√	√			√	
148	农药类	1918-02-1	Picloram	毒莠定		√			√	√	
149	农药类	51-03-6	Piperonyl butoxide	增效醚						√	
150	农药类	57-74-9	Chlordane	氯丹		√	√			√	
151	农药类	58-89-9	Lindane	林丹	√	√	√		√	√	
152	农药类	1582-09-8	Trifluralin	氟乐灵		√	√	√		√	
153	农药类	60-51-5	Dimethoate	乐果	√	√	√		√	√	
154	农药类	2921-88-2	Chlorpyrifos	毒死蜱		√		√	√	√	
155	农药类	330-54-1	Diuron	敌草隆		√		√	√	√	
156	农药类	122-34-9	Simazine	西玛津		√		√	√	√	√
157	农药类	1912-24-9	Atrazine	莠去津,阿特拉津	√	√			√	√	
158	农药类	5915-41-3	Terbuthylazine	特丁津		√	√		√		
159	农药类	309-00-2	Aldrin	艾氏剂		√			√	√	
160	农药类	60-57-1	Dieldrin	异艾氏剂		√	√		√		
161	农药类	60-57-1	Dieldrin	狄氏剂		√			√	√	
162	农药类	72-20-8	Endrin	异狄氏剂		√	√		√		
163	农药类	62-73-7	Dichlorvos	敌敌畏	√			√		√	

续表

序号	类别	CAS 号	英文名	中文名	中国	美国	WHO	欧盟	加拿大	澳大利亚	日本
164	农药类	1113-02-6	Omethoate	氧化乐果						√	
165	农药类	1024-57-3	Heptachlor epoxide	环氧七氯	√	√		√		√	
166	农药类	52-68-6	Trichlorfon	敌百虫	√	√				√	
167	农药类	63-25-2	1-Naphthalenol methylcarbamate	甲萘威	√						
168	农药类	1114-71-2	Pebulate	克草敌						√	
169	农药类	114-26-1	Baygon	残杀威		√					
170	农药类	115-29-7	Endosulfan	硫丹				√		√	
171	农药类	1897-45-6	Chlorothalonil	百菌清	√	√				√	
172	农药类	121-75-5	Maldison (Malathion)	马拉硫磷	√	√			√	√	
173	农药类	298-00-0	Methyl parathion	甲基对硫磷	√	√				√	
174	农药类	56-38-2	Parathion	对硫磷	√					√	
175	农药类	8065-48-3	demeton	丙吸磷	√						
176	农药类	115-32-2	Dicofol	三氯杀螨醇				√			
177	农药类	115-90-2	Fensulfothion	线虫磷						√	
178	农药类	122-14-5	Fenitrothion	杀螟硫磷						√	
179	农药类	13071-79-9	Terbufos	特丁磷		√				√	
180	农药类	13194-48-4	Ethoprophos	灭线磷					√	√	
181	农药类	13457-18-6	Pyrazophos	吡菌磷						√	
182	农药类	22224-92-6	Fenamiphos	苯线磷		√				√	

续表

序号	类别	CAS 号	英文名	中文名	中国	美国	WHO	欧盟	加拿大	澳大利亚	日本
183	农药类	1071-83-6	Glyphosate	草甘膦		√			√	√	
184	农药类	116-06-3	Aldicarb	滴灭威		√	√			√	
185	农药类	29232-93-7	Pirimiphos methyl	安定磷						√	
186	农药类	2540-82-1	Formothion	安硫磷						√	
187	农药类	298-02-2	Phorate	甲拌磷					√		
188	农药类	30560-19-1	Acephate	乙酰甲胺磷						√	
189	农药类	35400-43-2	Sulprofos	硫丙磷						√	
190	农药类	55-38-9	Fenthion	倍硫磷						√	
191	农药类	59682-52-9	Fosamine	调节磷						√	
192	农药类	640-15-3	Thiometon	甲基乙拌磷						√	
193	农药类	7786-34-7	Mevinphos	速灭磷						√	
194	农药类	786-19-6	Carbophenothion	三硫磷						√	
195	农药类	86-50-0	Azinphos-methyl	谷硫磷						√	
196	农药类	944-22-9	Fonofos	地虫硫膦		√				√	
197	农药类	298-04-4	Disulfoton	乙拌磷		√				√	
198	农药类	299-84-3	Fenchlorphos	皮蝇磷						√	
199	农药类	1491-41-4	Naphthalophos	萘肽磷						√	
200	农药类	3383-96-8	Temephos	双硫磷						√	
201	农药类	333-41-5	Diazinon	二嗪磷		√			√	√	

续表

序号	类别	CAS 号	英文名	中文名	中国	美国	WHO	欧盟	加拿大	澳大利亚	日本
202	农药类	41198-08-7	Profenofos	丙溴磷						√	
203	农药类	4824-78-6	Bromophos-ethyl	乙基溴硫磷						√	
204	农药类	563-12-2	Ethion	乙硫磷						√	
205	农药类	950-37-8	Methidathion	杀扑磷						√	
206	农药类	6923-22-4	Monocrotophos	久效磷						√	
207	农药类	1194-65-6	Dichlobenil	敌草腈						√	
208	农药类	120068-37-3	Fipronil	氟虫腈						√	
209	农药类	122-42-9	Propham	苯胺灵		√					
210	农药类	124495-18-7	Quinoxyfen	喹氧灵				√			
211	农药类	10605-21-7	Carbendazim	多菌灵						√	
212	农药类	133-06-2	Captan	克菌丹						√	
213	农药类	139-40-2	Propazine	灭津		√				√	
214	农药类	15299-99-7	Napropamide	敌草胺						√	
215	农药类	15545-48-9	Chlorotoluron	绿麦隆			√				
216	农药类	1563-66-2	Carbofuran	呋喃丹,卡巴呋喃,克百威			√			√	
217	农药类	1563-66-2	Carbaryl	虫螨威		√					
218	农药类	1610-18-0	Prometon	扑灭通		√					
219	农药类	1646-87-3	Aldicarb sulfoxide	涕灭威亚砜		√					
220	农药类	1646-88-4	Aldicarb sulfone	涕灭威砜		√					

续表

序号	类别	CAS 号	英文名	中文名	中国	美国	WHO	欧盟	加拿大	澳大利亚	日本
221	农药类	16752-77-5	Methomyl	灭多虫		√				√	
222	农药类	17804-35-2	Benomyl	苯菌灵						√	
223	农药类	19044-88-3	Oryzalin	氨磺乐灵						√	
224	农药类	1918-00-9	Dicamba	麦草畏		√			√	√	
225	农药类	1918-16-7	Propachlo	毒草安		√				√	
226	农药类	1929-77-7	Vernolate	灭草安						√	
227	农药类	1982-47-4	Chloroxuron	枯草隆						√	
228	农药类	2008-41-5	Butylate	苏达灭		√					
229	农药类	2032-65-7	Methiocarb	灭虫威						√	
230	农药类	21087-64-9	Metribuzin	嗪草酮		√			√	√	
231	农药类	2163-68-0	Hydroxyatrazine	羟基莠去津			√				
232	农药类	2164-17-2	Fluometuron	伏草隆		√				√	
233	农药类	21725-46-2	Cyanazine	草净津			√				
234	农药类	2212-67-1	Molinate	禾草特,环草丹,草达灭			√			√	
235	农药类	22248-79-9	Tetrachlorvinphos	杀虫威						√	
236	农药类	25057-89-0	Bentazone	灭草松		√				√	
237	农药类	2764-72-9	Diquat(ion),Diquat dibromide	敌草快					√	√	
238	农药类	33089-61-1	Amitraz	双甲脒		√				√	
239	农药类	33213-65-9	beta-Endosulfan	β-硫丹		√					

续表

序号	类别	CAS 号	英文名	中文名	中国	美国	WHO	欧盟	加拿大	澳大利亚	日本
240	农药类	34014-18-1	Tebuthiuron	丁嗪隆		√					
241	农药类	40487-42-1	Pendimethalin	二甲戊乐灵			√			√	
242	农药类	4685-14-7	Paraquat	百草枯					√	√	
243	农药类	470-90-6	Chlorfenvinphos	毒虫畏				√		√	
244	农药类	4726-14-1	Nitralin	甲磺乐灵						√	
245	农药类	63-25-2	Carbaryl	胺甲萘		√			√	√	
246	农药类	69004-03-1	Toltrazuril	甲苯三嗪酮							
247	农药类	709-98-8	Propanil	敌稗						√	
248	农药类	74070-46-5	Aclonifen	苯草醚				√			
249	农药类	74223-64-6	Metsulfuron-methyl	甲磺隆						√	
250	农药类	76-44-8	Heptachlor	七氯				√		√	
251	农药类	7773-06-0	Ammonium sulfamate	氨基磺酸		√					
252	农药类	8001-35-2	Toxaphene	八氯莰烯		√					
253	农药类	8001-35-2	Toxaphene	菲杀芬		√					
254	农药类	81334-34-1	Imazapyr	灭草烟						√	
255	农药类	834-12-8	Ametryn	莠灭净		√				√	
256	农药类	886-50-0	Terbutryn	去草净				√	√	√	
257	农药类	93-72-1	2,4,5-TP(Silvex)	2,4,5-涕丙酸		√					
258	农药类	93-76-5	2,4,5-T(Trichlorophenoxy-acetic acid)	2,4,5-涕		√	√			√	

续表

序号	类别	CAS 号	英文名	中文名	中国	美国	WHO	欧盟	加拿大	澳大利亚	日本
259	农药类	94-74-6	2-methyl-4-chlorophenoxyacetic acid (MCPA)	2-甲基-4-氯苯氧乙酸					√	√	
260	农药类	94-75-7	2,4-D	2,4-二氯苯氧乙酸			√			√	
261	农药类	94-82-6	2,4-DB	2,4-二氯苯氧丁酸			√				
262	农药类	959-98-8	alpha-Endosulfan	α-硫丹		√					
263	农药类	137-26-8	Thiram	福美双						√	√
264	农药类	137-42-8	Metham	威百亩						√	
265	农药类	145-73-3	Endothall	草多索		√				√	
266	农药类	1910-42-5	Paraquat	百草枯							
267	农药类	203313-25-1	Spirotetramat	螺虫乙酯						√	
268	农药类	23103-98-2	Pirimicarb	抗蚜威						√	
269	农药类	2312-35-8	Propargite	克螨特						√	
270	农药类	23135-22-0	Oxamyl	草胺酰						√	
271	农药类	23135-22-0	Oxamyl (Vydate)	杀线威		√					
272	农药类	23505-41-1	Pirimicarb-ethyl	乙基抗蚜威							
273	农药类	23564-06-9	Thiophanate	硫菌灵						√	
274	农药类	23950-58-5	Propyzamide	拿草特						√	
275	农药类	2631-37-0	Promecarb	猛杀威						√	
276	农药类	27314-13-2	Norflurazon	达草灭						√	

续表

序号	类别	CAS 号	英文名	中文名	中国	美国	WHO	欧盟	加拿大	澳大利亚	日本
277	农药类	28249-77-6	Thiobencarb	禾草丹						√	√
278	农药类	314-40-9	Bromacil	除草定		√				√	
279	农药类	330-95-0	Nicarbazin	双硝苯脲二甲嘧啶醇						√	
280	农药类	35367-38-5	Diflubenzuron	二氟脲						√	
281	农药类	36734-19-7	Iprodione	异菌脲						√	
282	农药类	3337-71-1	Asulam	黄草灵						√	
283	农药类	34123-59-6	Isoproturon	异丙隆			√	√			
284	农药类	365400-11-9	Pyrasulfotole	磺酰草吡唑						√	
285	农药类	42576-02-3	Bifenox	治草醚				√			
286	农药类	43121-43-3	Triadimefon	三唑酮						√	
287	农药类	49866-87-7	Difenzoquat	野燕枯						√	
288	农药类	500008-45-7	Chlorantraniliprole	氯虫苯甲酰胺						√	
289	农药类	51338-27-3	Diclofop-methyl	禾草灵					√	√	
290	农药类	28434-01-7	Bioresmethrin	除虫菊酯						√	
291	农药类	51630-58-1	Fenvalerate	氰戊菊酯						√	
292	农药类	52315-07-8	Cypermethrin isomers	氯氰菊酯异构体				√		√	
293	农药类	52645-53-1	Permethrin	苄氯菊酯						√	
294	农药类	52918-63-5	Deltamethrin	溴氰菊酯	√					√	
295	农药类	68359-37-5	Cyfluthrin,Beta-cyfluthrin	氟氯氰菊酯,β-氟氯氰菊酯						√	

续表

序号	类别	CAS 号	英文名	中文名	中国	美国	WHO	欧盟	加拿大	澳大利亚	日本
296	农药类	70-38-2	Dimethrin	苄菊酯		√					
297	农药类	66230-04-4	Esfenvalerate	高氰戊菊酯						√	
298	农药类	5234-68-4	Carboxin	萎锈灵		√				√	
299	农药类	55335-06-3	Triclopyr	三氯吡氧乙酸						√	
300	农药类	56-35-9	Tributyltin oxide	三丁基氧化锡						√	
301	农药类	5902-51-2	Terbacil	特草定		√				√	
302	农药类	60168-88-9	Fenarimol	氯苯嘧啶醇						√	
303	农药类	60207-90-1	Propiconazole	丙环唑						√	
304	农药类	64902-72-3	Chlorsulfuron	氯磺隆						√	
305	农药类	69806-40-2	Haloxyfop	氟吡禾灵						√	
306	农药类	72-55-9	p-p'-Dichlorodiphenyldichloroethylene (DDE)	2-乙基噻吩		√					
307	农药类	759-94-4	EPTC(S-ethyl-dipropylthiocarbamate)	扑草灭						√	
308	农药类	9006-42-2	Metiram	代森联		√				√	
309	农药类	957-51-7	Diphenamid	草乃敌		√				√	
310	农药类	51235-04-2	Hexazinone	环嗪酮		√				√	
311	农药类	61-82-5	Amitrole	氨基三唑						√	
312	农药类	62476-59-9	Acifluorfen(sodium)	三氟羧草醚钠盐		√					
313	农药类	123-33-1	Maleic hydrazide	3,6-二羟基哒嗪		√					

续表

序号	类别	CAS 号	英文名	中文名	中国	美国	WHO	欧盟	加拿大	澳大利亚	日本
314	全氟化合物	1763-23-1	Perfluorooctane sulfonic acid and its derivatives(PFOS)	全氟辛烷磺酸及其衍生物（PFOS）		√		√			
315	全氟化合物	335-67-1	PFOA	全氟辛酸		√				√	√
316	醛酮类	50-00-0	Formaldehyde	甲醛	√	√				√	
317	醛酮类	75-07-0		乙醛	√						
318	醛酮类	108-62-3	Metaldehyde	聚乙醛						√	
319	醛酮类	302-17-0	Chloral hydrate(Trichloroacetaldehyde)	水合三氯乙醛	√					√	
320	醛酮类	107-02-8	Acrolein	丙烯醛	√						
321	醛酮类	7421-93-4	Endrin Aldehyde	异狄氏剂醛		√					
322	醛酮类	513-88-2	1,1-dichloropropanone(dichloroacetone)	1,1-二氯丙酮						√	
323	醛酮类	534-07-6	1,3-dichloropropanone	1,3-二氯丙酮						√	
324	醛酮类	918-00-3	1,1,1-trichloropropanone(trichloroacetone)	1,1,1-三氯丙酮						√	
325	醛酮类	921-03-9	1,1,3-trichloropropanone	1,1,3-三氯丙酮						√	
326	醛酮类	78-93-3	Methyl ethyl ketone	2-丁酮		√					
327	醛酮类	78-59-1	Isophorone	3,5,5-三甲基环己-2-烯酮		√					
328	醛酮类	78-59-1	Isophorone	异佛尔酮						√	
329	醛酮类	128639-02-1	Carfentrazone-ethyl	唑草酮						√	
330	醛酮类	96-45-7	Ethylene Thiourea(ETU)	2-咪唑烷基硫酮		√					
331	腈类	107-13-1	Acrylonitrile	丙烯腈		√					√

续表

序号	类别	CAS 号	英文名	中文名	中国	美国	WHO	欧盟	加拿大	澳大利亚	日本
332	腈类	545-06-2	Trichloroacetonitrile	三氯乙腈						√	
333	腈类	12798-03-6	Chlordane	2-氯基-6-氯苯甲腈		√					
334	腈类	1689-84-5	Bromoxynil	溴草腈					√	√	
335	腈类	3018-12-0	Dichloroacetonitrile	二氯乙腈			√			√	
336	腈类	3252-43-5	Dibromoacetonitrile	二溴乙腈			√			√	
337	腈类	83463-62-1	Bromochloroacetonitrile	溴代氯乙腈						√	
338	醚类	108-60-1	Bis (2-Chloro-1-Methylethyl) Ether	二氯异丙醚		√					
339	醚类	111-44-4	Bis (2-Chloroethyl) Ether	二氯乙醚		√					
340	醚类	542-88-1	Bis (Chloromethyl) Ether	二氯甲醚		√					
341	胺类	79-06-1	Acrylamide	丙烯酰胺			√			√	√
342	胺类	10217-52-4	Hydrazine hydrate	水合肼	√						
343	胺类	10599-90-3	Monochloramine	氯胺		√	√		√	√	
344	胺类	110-86-1	Pyridine	吡啶	√						
345	胺类	122-66-7	1,2-Diphenylhydrazine	1,2-二苯肼		√					
346	胺类	15972-60-8	Alachlor	甲草胺		√	√	√			
347	胺类	23950-58-5	Pronamide	戊炔草胺		√					
348	胺类	422556-08-9	Pyroxsulam	啶磺草胺						√	
349	胺类	62-53-3	Aminobenzene	苯胺	√						
350	胺类	62-75-9	N-Nitrosodimethylamine	N-亚硝基二甲胺		√	√		√		

续表

序号	类别	CAS 号	英文名	中文名	中国	美国	WHO	欧盟	加拿大	澳大利亚	日本
351	胺类	62-75-9	N-Nitrosodimethylamine (NDMA)	亚硝基二甲胺						√	
352	胺类	91-94-1	3,3'-Dichlorobenzidine	3,3'-二氯联苯胺		√					
353	胺类	92-87-5	Benzidine	联苯胺		√					√
354	胺类	2691-41-0	HMX	环四亚甲基四硝基胺		√					
355	胺类	28757-48-4	Polihexanide	聚己缩胍							
356	胺类	51218-45-2	Metolachlor	异丙甲草胺		√	√		√	√	
357	胺类	556-88-7	Nitroguanidine	硝基胍							
358	胺类	121-82-4	RDX	黑索今		√					
359	胺类	28159-98-0	Cybutryne	2-叔丁氨基-4-环丙氨基-6-甲硫基-S-三嗪				√			
360	酯类	103-23-1	Di (2-ethylhexyl) adipate (DEHA)	己二酸二酯		√				√	
361	酯类	140-18-1	Monochloroacetate	氯乙酸苄酯			√				
362	酯类	1445-75-6	Diisopropylmethylphosphonate	二异丙基甲基磷酸酯		√					
363	酯类	1861-32-1	DCPA (Dacthal)	四氯对酞酸二甲酯							
364	酯类	2593-15-9	Etridiazole	二甲基苯丙烯酯						√	
365	酯类	55-63-0	Trinitroglycerol	硝化甘油		√					
366	酯类	756-79-6	Dimethyl methylphosphonate	甲基膦酸二甲酯		√					
367	醇类	107-21-1	Ethylene glycol	乙二醇		√					
368	醇类	68330-43-8	2-Methylisoborneol	2-甲基异龙脑							√

续表

序号	类别	CAS号	英文名	中文名	中国	美国	WHO	欧盟	加拿大	澳大利亚	日本
369	羧酸类	76-03-9	Trichloroacetic acid (TCA)	三氯乙酸		√				√	√
370	羧酸类	79-11-8	Chloroacetic acid	氯乙酸		√				√	√
371	羧酸类	120-36-5	Dichlorprop/Dichlorprop-P	2,4-滴丙酸			√			√	
372	羧酸类	121552-61-2	Cyprodinil	环丙嘧啶						√	
373	羧酸类	133-90-4	Chloramben	3-氨基-2,5-二氯苯甲酸		√					
374	羧酸类	75-99-0	2,2-DPA/2,2-dichloropropionic acid	2,2-二氯丙酸		√				√	
375	羧酸类	139-13-9	Nitrilotriacetic acid (NTA)	次氨基三乙酸			√		√	√	
376	羧酸类	1702-17-6	Clopyralid	二氯吡啶酸						√	
377	羧酸类	1832-54-8	Isopropyl methylphosphonate	甲基膦酸		√					
378	羧酸类	236-79-0	Tetrachloroterephthalic acid	四氯对苯二甲酸							
379	羧酸类	2782-57-2	Dichloroisocyanurate	二氯异氰尿酸盐			√				
380	羧酸类	60-00-4	Ethylenediamine tetraacetic acid (EDTA)	乙二胺四乙酸,EDTA			√			√	
381	羧酸类	7085-19-0	Mecoprop	2-甲基-4-氯丙酸							
382	羧酸类	756-09-2	Flupropanate	四氟丙酸						√	
383	羧酸类	7789-31-3	Bromic acid	溴酸							√
384	羧酸类	7790-93-4	Chloric acid	氯酸							√
385	羧酸类	79-43-6	Dichloroacetic acid (DCA)	二氯乙酸		√	√			√	√
386	羧酸类	93-72-1	Chlorophenoxy herbicide (2,4,5-TP)	2-（2,4,5-三氯苯氧）-丙酸		√					
387	羧酸类	93-72-1	Fenoprop	涕丙酸			√			√	

续表

序号	类别	CAS 号	英文名	中文名	中国	美国	WHO	欧盟	加拿大	澳大利亚	日本
388	羧酸类	94-74-6	MCPA	4-氯-2-甲基苯氧基乙酸		√	√				
389	羧酸类	94-75-7	Chlorophenoxy herbicide (2,4-D)	2,4-二氯苯氧乙酸		√			√		
390	无机化合物及其他	7783-06-4	Hydrogen sulfide	硫化氢						√	
391	无机化合物及其他	10028-15-6	Ozone	臭氧						√	
392	无机化合物及其他	10049-04-4	Chlorine dioxide	二氧化氯		√				√	
393	无机化合物及其他	14797-55-8	Nitrate	硝酸盐和亚硝酸盐	√	√	√		√	√	
394	无机化合物及其他	14797-73-0	Perchlorate	高氯酸盐		√					
395	无机化合物及其他	14808-79-8	Sulfate	硫酸盐						√	
396	无机化合物及其他	14866-68-3	Chlorate	氯酸盐			√		√	√	
397	无机化合物及其他	15541-45-4	Bromate	溴酸盐					√	√	
398	无机化合物及其他	16887-00-6	Chloride	氯化物	√					√	
399	无机化合物及其他	20461-54-5	Iodide	碘化物						√	
400	无机化合物及其他	7553-56-2	Iodine	碘		√				√	
401	无机化合物及其他	7664-41-7	Ammonia	氨		√				√	
402	无机化合物及其他	7723-14-0	White phosphorous	磷		√			√		
403	无机化合物及其他	7758-19-2	Chlorite	亚氯酸钠		√	√			√	
404	无机化合物及其他	7782-50-5	Chlorine	氯		√	√				
405	无机化合物及其他	7631-86-9	Silica	二氧化硅						√	
406	无机化合物及其他	1031-07-8	Endosulfan sulfate	硫丹硫酸盐		√				√	

续表

序号	类别	CAS 号	英文名	中文名	中国	美国	WHO	欧盟	加拿大	澳大利亚	日本
407	无机化合物及其他	143-33-9	Cyanide	氰化物	√	√			√	√	
408	无机化合物及其他	16984-48-8	Fluoride	氟化物	√	√	√		√	√	√
409	无机化合物及其他	36643-28-4	Triutyltin-cation	丁基锡阳离子				√			
410	无机化合物及其他	506-77-4	Cyanogen chloride	氯化氰		√				√	
411	无机化合物及其他	9004-70-0	Nitrocellulose	火棉胶		√					

附录 I 不同国家和地区土壤环境质量基准标准污染物监测指标

附表 I-1 不同国家和地区土壤环境质量基准标准污染物监测指标

序号	分类	CAS	英文名称	中文名称	中国	美国	加拿大	英国	荷兰
1	金属及其化合物	7440-43-9	Cadmium	镉	√	√	√	√	√
2	金属及其化合物	7440-47-3	Chromium (total)	铬	√	√	√		√
3	金属及其化合物	7439-97-6	Mercury	汞	√	√	√		√
4	金属及其化合物	7440-02-0	Nickel	镍	√	√	√		√
5	金属及其化合物	7439-92-1	Lead	铅	√	√	√	√	√
6	金属及其化合物	7440-38-2	Arsenic	砷	√	√	√		√
7	金属及其化合物	7440-36-0	Antimony	锑	√	√	√	√	√
8	金属及其化合物	7440-50-8	Copper	铜	√	√	√		√
9	金属及其化合物	7440-41-7	Beryllium	铍	√	√	√		√
10	金属及其化合物	7782-49-2	Selenium	硒	√	√	√		√
11	金属及其化合物	7440-66-6	Zinc	锌	√	√	√	√	√
12	金属及其化合物	7440-62-2	Vanadium	钒	√	√	√		√
13	金属及其化合物	18540-29-9	Chromium,hexavalent [Cr (VI)]	六价铬[Cr (VI)]	√	√	√		

续表

序号	分类	CAS	英文名称	中文名称	中国	美国	加拿大	英国	荷兰
14	金属及其化合物	16065-83-1	Chromium (Ⅲ)	三价铬（Ⅲ）		√			
15	金属及其化合物	7440-28-0	Thallium	铊		√	√		√
16	金属及其化合物	7439-98-7	Molybdenum	钼		√	√		√
17	金属及其化合物	7440-31-5	Tin	锡		√	√		√
18	重金属和无机物	7440-39-3	Barium	钡		√	√		√
19	金属及其化合物	7440-48-4	Cobalt	钴	√	√	√		√
20	金属及其化合物	7440-22-4	Silver	银		√	√		√
21	金属及其化合物	7429-90-5	Aluminum	铝		√			
22	金属及其化合物	7440-42-8	Boron	硼		√	√		
23	金属及其化合物	22967-92-6	Methylmercury	甲基汞	√	√		√	
24	金属及其化合物	12427-38-2	Maneb	代森锰		√			√
25	金属及其化合物	75-60-5	Cacodylic acid	二甲次胂酸		√			
26	金属及其化合物	20859-73-8	Aluminum phosphide	磷化铝		√			
27	金属及其化合物	544-92-3	Copper cyanide	氰化亚铜		√			
28	金属及其化合物	1309-64-4	Antimony trioxide	三氧化二锑		√			
29	金属及其化合物	1314-60-9	Antimony pentoxide	五氧化二锑		√			
30	金属及其化合物	1306-38-3	Ceric oxide	氧化铈		√			
31	金属及其化合物	1332-81-6	Antimony tetroxide	氧化锑	√	√			
32	芳香族化合物	71-43-2	Benzene	苯	√	√	√	√	√

续表

序号	分类	CAS	英文名称	中文名称	中国	美国	加拿大	英国	荷兰
33	芳香族化合物	108-88-3	Toluene	甲苯	√	√	√	√	√
34	芳香族化合物	1330-20-7	Xylene	二甲苯		√	√	√	√
35	芳香族化合物	106-42-3	p-xylene	对二甲苯	√	√		√	
36	芳香族化合物	108-38-3	m-Xylene	间二甲苯	√	√		√	
37	芳香族化合物	95-47-6	o-Xylene	邻二甲苯	√				
38	芳香族化合物	100-41-4	Ethylbenzene	乙苯	√	√	√	√	√
39	芳香族化合物	104-51-8	Butylbenzene,n-	丁苯	√				
40	芳香族化合物	98-82-8	Cumene	异丙基苯					
41	芳香族化合物	135-98-8	Butylbenzene,sec-	仲丁基苯		√			
42	芳香族化合物	95-63-6	1,2,4-Trimethylbenzene	1,2,4-三甲基苯		√			
43	芳香族化合物	98-06-6	tert-Butylbenzene	叔丁基苯		√			
44	芳香族化合物	108-90-7	Chlorobenzenes (sum)	氯苯	·		√		√
45	芳香族化合物	95-50-1	1,2-Dichlorobenzene	1,2-二氯苯	√	√	√		
46	芳香族化合物	541-73-1	1,3-Dichlorobenzene	1,3-二氯苯			√		
47	芳香族化合物	106-46-7	1,4-Dichlorobenzene	1,4-二氯苯	√	√	√		
48	芳香族化合物	120-82-1	1,2,4-Trichlorobenzene	1,2,4-三氯苯	√	√	√		
49	芳香族化合物	87-61-6	1,2,3-Trichlorobenzene	1,2,3-三氯苯	√	√			
50	芳香族化合物	108-70-3	1,3,5-Trichlorobenzene	1,3,5-三氯苯			√		
51	芳香族化合物	634-66-2	1,2,3,4-Tetrachlorobenzene	1,2,3,4-四氯苯			√		

续表

序号	分类	CAS	英文名称	中文名称	中国	美国	加拿大	英国	荷兰
52	芳香族化合物	634-90-2	1,2,3,5-Tetrachlorobenzene	1,2,3,5-四氯苯			√		
53	芳香族化合物	95-94-3	1,2,4,5-Tetrachlorobenzene	1,2,4,5-四氯苯		√	√		
54	芳香族化合物	608-93-5	Pentachlorobenzene	五氯苯		√	√		
55	芳香族化合物	118-74-1	Hexachlorobenzene	六氯苯	√	√	√		
56	芳香族化合物	95-49-8	o-Chlorotoluene	2-氯甲苯		√			
57	芳香族化合物	106-43-4	p-Chlorotoluene	对氯甲苯		√			
58	芳香族化合物	100-00-5	p-Chloronitrobenzene	4-氯硝基苯		√			
59	芳香族化合物	98-95-3	Nitrobenzene	硝基苯	√	√			
60	芳香族化合物	99-08-1	m-Nitrotoluene	3-硝基甲苯		√			
61	芳香族化合物	99-99-0	p-Nitrotoluene	4-硝基甲苯		√			
62	芳香族化合物	88-72-2	o-Nitrotoluene	2-硝基甲苯		√			
63	芳香族化合物	528-29-0	1,2-Dinitrobenzene	1,2-二硝基苯		√			
64	芳香族化合物	99-35-4	1,3,5-Trinitrobenzene	1,3,5-三硝基苯		√			
65	芳香族化合物	118-96-7	2,4,6-Trinitrotoluene	2,4,6-三硝基甲苯		√			
66	芳香族化合物	99-65-0	1,3-Dinitrobenzene	1,3-二硝基苯		√			
67	芳香族化合物	121-14-2	2,4-Dinitrotoluene	2,4-二硝基甲苯	√	√			
68	芳香族化合物	606-20-2	2,6-Dinitrotoluene	2,6-二硝基甲苯		√			
69	芳香族化合物	25321-14-6	Dinitrotoluene	甲基二硝基苯		√			
70	芳香族化合物	88-73-3	o-Chloronitrobenzene	邻氯硝基苯		√			

续表

序号	分类	CAS	英文名称	中文名称	中国	美国	加拿大	英国	荷兰
71	芳香族化合物	82-68-8	Pentachloronitrobenzene	五氯硝基苯		√			
72	芳香族化合物	108-36-1	1,3-Dibromobenzene	1,3-二溴苯		√			
73	芳香族化合物	615-54-3	1,2,4-Tribromobenzene	1,2,4-三溴苯		√			
74	芳香族化合物	106-37-6	1,4-Dibromobenzene	1,4-二溴苯		√			
75	芳香族化合物	108-86-1	Bromobenzene	溴苯		√			
76	芳香族化合物	87-82-1	Hexabromobenzene	六溴苯		√			
77	芳香族化合物	90-12-0	1-Methylnaphthalene	1-甲基萘		√			
78	芳香族化合物	91-57-6	2-Methylnaphthalene	2-甲基萘		√			
79	芳香族化合物	91-58-7	Beta-Chloronaphthalene	2-氯萘		√			
80	芳香族化合物	90-13-1	Chloronaphthalene	氯萘					√
81	芳香族化合物	5216-25-1	p-alpha,alpha,alpha-Tetrachlorotoluene	4-氯三氯甲苯		√			
82	芳香族化合物	57835-92-4	4-Nitropyrene	4-硝基芘		√			
83	芳香族化合物	100-42-5	Styrene	苯乙烯	√				
84	芳香族化合物	98-56-6	4-Chlorobenzotrifluoride	对氯三氟甲苯		√	√		
85	芳香族化合物	460-00-4	1-Bromo-4-fluorobenzene	对溴氟苯		√			
86	芳香族化合物	1073-06-9	1-Bromo-3-fluorobenzene	间溴氟苯					√
87	芳香族化合物	103-33-3	Azobenzene	偶氮苯		√			
88	芳香族化合物	98-07-7	Benzotrichloride	三氯化苄		√			
89	芳香族化合物	123-01-3	Dodecylbenzene	十二烷基苯					√

续表

序号	分类	CAS	英文名称	中文名称	中国	美国	加拿大	英国	荷兰
90	酚类	108-95-2	Phenol	苯酚		√		√	√
91	酚类	105-67-9	2,4-Dimethylphenol	2,4-二甲基苯酚		√			
92	酚类	95-65-8	3,4-Dimethylphenol	3,4-二甲基苯酚		√			√
93	酚类	576-26-1	2,6-Dimethylphenol	2,6-二甲基苯酚		√			
94	酚类	9016-45-9	Nonylphenol	壬基酚			√		
95	酚类	25167-80-0	Monochlorophenols	氯酚			√		√
96	酚类	25167-81-1	Dichlorophenols	二氯酚			√		
97	酚类	95-57-8	2-Chlorophenol	2-氯酚	√	√			
98	酚类	120-83-2	2,4-Dichlorophenol	2,4-二氯酚		√			
99	酚类	25167-82-2	Trichlorophenol	三氯苯酚			√		
100	酚类	95-95-4	2,4,5-Trichlorophenol	2,4,5-三氯苯酚		√			
101	酚类	88-06-2	2,4,6-Trichlorophenol	2,4,6-三氯酚	√	√	√		
102	酚类	25167-83-3	Tetrachlorophenols	四氯苯酚			√		
103	酚类	58-90-2	2,3,4,6-Tetrachlorophenol	2,3,4,6-四氯酚		√	√		
104	酚类	87-86-5	Pentachlorophenol	五氯酚	√	√	√		
105	酚类	90-43-7	2-Phenylphenol	邻苯基苯酚		√			
106	酚类	59-50-7	p-chloro-m-Cresol	4-氯-3-甲酚		√			
107	酚类	1321-10-4	4-Chloromethylphenols	4-氯甲基苯酚					√
108	酚类	1319-77-3	Cresols (sum)	甲酚（总和）		√			√

续表

序号	分类	CAS	英文名称	中文名称	中国	美国	加拿大	英国	荷兰
109	酚类	106-44-5	p-Cresol	对甲酚		√			
110	酚类	108-39-4	m-Cresol	间甲酚		√			
111	酚类	95-48-7	o-Cresol	邻甲酚		√			
112	酚类	—	Phenolic compounds, nonchlorinated	非氯化酚类化合物					
113	酚类	—	Phenols (mono- & dihydric)	酚类（一、二羟基）					√
114	酚类	123-31-9	hydroquinone (p-dihydroxybenzene)	对苯二酚		√	√		√
115	酚类	108-46-3	Resorcinol (m-dihydroxybenzene)	间苯二酚		√	√		√
116	酚类	120-80-9	Catechol (o-dihydroxybenzene)	邻苯二酚					√
117	酚类	51-28-5	2,4-Dinitrophenol	2,4-二硝基酚	√	√			
118	酚类	95-55-6	o-Aminophenol	2-氨基苯酚		√			
119	酚类	591-27-5	m-Aminophenol	3-氨基苯酚		√			
120	酚类	123-30-8	p-Aminophenol	4-氨基苯酚		√			
121	酚类	534-52-1	4,6-Dinitro-o-cresol	4,6-二硝基邻甲酚		√			
122	酚类	19406-51-0	4-Amino-2,6-Dinitrotoluene	4-氨基-2,6-二硝基甲苯		√			
123	卤代脂肪烃	110-54-3	n-Hexane	正己烷			√		
124	卤代脂肪烃	110-82-7	Cyclohexane	环己烷		√			
125	卤代脂肪烃	74-87-3	Chlormethan	氯甲烷	√	√			
126	卤代脂肪烃	75-09-2	Dichloromethane	二氯甲烷	√	√	√		√
127	卤代脂肪烃	67-66-3	Trichloromethane	三氯甲烷	√	√	√		√

续表

序号	分类	CAS	英文名称	中文名称	中国	美国	加拿大	英国	荷兰
128	卤代脂肪烃	74-95-3	Dibromomethane (Methylene bromide)	二溴甲烷		✓			
129	卤代脂肪烃	75-71-8	Dichlorodifluoromethane	二氯二氟甲烷		✓			
130	卤代脂肪烃	124-48-1	Chlorodibromomethane	二溴氯甲烷	✓	✓			
131	卤代脂肪烃	74-97-5	Bromochloromethane	溴氯甲烷		✓			
132	卤代脂肪烃	75-45-6	Chlorodifluoromethane	一氯二氟甲烷		✓			
133	卤代脂肪烃	75-27-4	Bromodichloromethane	一溴二氯甲烷	✓	✓			
134	卤代脂肪烃	75-34-3	1,1-dichloroethane	1,1-二氯乙烷	✓	✓			✓
135	卤代脂肪烃	107-06-2	1,2-Dichloroethane	1,2-二氯乙烷	✓	✓			✓
136	卤代脂肪烃	71-55-6	1,1,1-Trichloroethane	1,1,1-三氯乙烷	✓	✓	✓		✓
137	卤代脂肪烃	79-00-5	1,1,2-Trichloroethane	1,1,2-三氯乙烷	✓	✓	✓		✓
138	卤代脂肪烃	630-20-6	1,1,1,2-Tetrachloroethane	1,1,1,2-四氯乙烷	✓	✓			
139	卤代脂肪烃	79-34-5	1,1,2,2-Tetrachloroethane	1,1,2,2-四氯乙烷	✓	✓	✓		
140	卤代脂肪烃	106-93-4	1,2-Dibromoethane	1,2-二溴乙烷	✓	✓			
141	卤代脂肪烃	75-25-2	Tribromomethane	溴仿	✓	✓			✓
142	卤代脂肪烃	420-46-2	1,1,1-Trifluoroethane	1,1,1-三氟乙烷		✓			
143	卤代脂肪烃	811-97-2	1,1,1,2-Tetrafluoroethane	1,1,1,2-四氟乙烷		✓			
144	卤代脂肪烃	75-68-3	1-Chloro-1,1-difluoroethane	1-氯-1,1-二氟乙烷		✓			
145	卤代脂肪烃	75-37-6	1,1-Difluoroethane	1,1-二氟乙烷		✓			
146	卤代脂肪烃	76-13-1	1,1,2-Trichloro-1,2,2-trifluoroethane	1,1,2-三氯三氟乙烷		✓			

续表

序号	分类	CAS	英文名称	中文名称	中国	美国	加拿大	英国	荷兰
147	卤代脂肪烃	107-04-0	1-Bromo-2-chloroethane	1-溴-2-氯乙烷		√			
148	卤代脂肪烃	26638-19-7	Dichloropropane	二氯丙烷					√
149	卤代脂肪烃	78-87-5	1,2-Dichloropropane	1,2-二氯丙烷	√	√	√		
150	卤代脂肪烃	142-28-9	1,3-Dichloropropane	1,3-二氯丙烷		√			
151	卤代脂肪烃	598-77-6	1,1,2-Trichloropropane	1,1,2-三氯丙烷		√			
152	卤代脂肪烃	96-18-4	1,2,3-Trichloropropane	1,2,3-三氯丙烷	√	√			
153	卤代脂肪烃	420-45-1	2,2-Difluoropropane	2,2-二氟丙烷		√			
154	卤代脂肪烃	96-12-8	1,2-Dibromo-3-chloropropane	1,2-二溴-3-氯丙烷		√			
155	卤代脂肪烃	106-88-7	1,2-Epoxybutane	1,2-环氧丁烷		√			
156	卤代脂肪烃	109-69-3	1-Chlorobutane	1-氯丁烷		√			
157	卤代脂肪烃	87-84-3	1,2,3,4,5-pentabromo-6-chloro-Cyclohexane	1,2,3,4,5-五溴-6-氯环己烷		√			
158	卤代脂肪烃	56-23-5	Tetrachloromethane	四氯化碳	√	√	√		√
159	卤代脂肪烃	75-01-4	Vinyl chloride	氯乙烯	√	√			√
160	卤代脂肪烃	107-05-1	Allyl Chloride	氯丙烯	√	√			
161	卤代脂肪烃	110-83-8	Cyclohexene	环己烯	√	√			
162	卤代脂肪烃	75-35-4	1,1-Dichloroethene	1,1-二氯乙烯	√	√	√		√
163	卤代脂肪烃	540-59-0	1,2-Dichloroethene (cis and trans)	1,2-二氯乙烯（顺式和反式）	√		√		√
164	卤代脂肪烃	156-59-2	cis-1,2-Dichloroethylene	顺-1,2-二氯乙烯	√	√			
165	卤代脂肪烃	542-75-6	1,3-Dichloropropene	1,3-二氯丙烯		√			√

续表

序号	分类	CAS	英文名称	中文名称	中国	美国	加拿大	英国	荷兰
166	卤代脂肪烃	563-54-2	1,2-Dichloropropene (cis and trans)	1,2-二氯丙烯（顺式和反式）			√		
167	卤代脂肪烃	79-01-6	1,1,2-Trichloroethene	1,1,2-三氯乙烯	√	√	√		√
168	卤代脂肪烃	96-19-5	1,2,3-Trichloropropene	1,2,3-三氯丙烯		√	√		
169	卤代脂肪烃	127-18-4	1,1,2,2-Tetrachloroethene	四氯乙烯	√	√	√		√
170	卤代脂肪烃	1476-11-5	cis-1,4-Dichloro-2-butene	顺式-1,4-二氯-2-丁烯		√			
171	卤代脂肪烃	87-68-3	Hexachlorobutadiene	六氯-1,3-丁二烯		√			
172	卤代脂肪烃	77-47-4	Hexachlorocyclopentadiene	六氯环戊二烯		√			
173	卤代脂肪烃	513-37-1	Dimethylvinylchloride	1-氯-2-甲基-1-丙烯		√			
174	卤代脂肪烃	98-83-9	Alpha-Methylstyrene	2-苯基-1-丙烯		√			
175	卤代脂肪烃	106-99-0	1,3-Butadiene	1,3-丁二烯		√			
176	卤代脂肪烃	764-41-0	1,4-Dichloro-2-butene	1,4-二氯-2-丁烯		√			
177	卤代脂肪烃	126-99-8	2-Chloro-1,3-butadiene	2-氯-1,3-丁二烯		√			
178	卤代脂肪烃	201-029-3	Hexachlorocyclopentadiene	六氯环戊二烯					
179	卤代脂肪烃	77-73-6	Dicyclopentadiene	二聚环戊二烯		√			
180	卤代脂肪烃	156-60-5	trans-1,2-Dichloroethylene	反-1,2-二氯乙烯	√	√			
181	卤代脂肪烃	110-57-6	trans-1,4-Dichloro-2-butene	反式-1,4-二氯-2-丁烯		√			
182	卤代脂肪烃	—	Aliphatics nonchlorinated	非氯化脂肪族（每个）			√		
183	杂环化合物	505-29-3	1,4-Dithiane	1,4-二噻烷		√			
184	杂环化合物	123-91-1	1,4-Dioxane	1,4-二氧六环		√			

续表

序号	分类	CAS	英文名称	中文名称	中国	美国	加拿大	英国	荷兰
185	杂环化合物	149-30-4	2-Mercaptobenzothiazole	2-巯基苯并噻唑		√			
186	杂环化合物	110-86-1	Pyridine	吡啶		√			√
187	杂环化合物	132-64-9	Dibenzofuran	二苯并呋喃		√			
188	杂环化合物	132-65-0	Dibenzothiophene	二苯并噻吩		√			
189	杂环化合物	126-33-0	Sulfolane	环丁砜		√	√		
190	杂环化合物	91-22-5	Quinoline	喹啉		√	√		
191	杂环化合物	110-02-1	Thiophene	噻吩类					√
192	杂环化合物	109-99-9	Tetrahydrofuran	四氢呋喃					√
193	杂环化合物	110-01-0	Tetrahydrothiophene	四氢噻吩					√
194	多环芳烃	—	Polycyclic aromatic hydrocarbons	多环芳烃					√
195	多环芳烃	91-20-3	Naphthalene	萘	√	√	√		
196	多环芳烃	83-32-9	Acenaphthene	苊		√			
197	多环芳烃	85-01-8	Phenanthrene	菲		√			
198	多环芳烃	120-12-7	Anthracene	蒽	√	√	√		
199	多环芳烃	129-00-0	Pyrene	芘		√	√		
200	多环芳烃	218-01-9	Chrysene	䓛	√	√	√		
201	多环芳烃	206-44-0	Fluoranthene	荧蒽	√	√	√		
202	多环芳烃	56-55-3	Benz [a] anthracene	苯并[a]蒽	√	√	√		
203	多环芳烃	50-32-8	Benzo [a] pyrene	苯并[a]芘	√*	√	√		

续表

序号	分类	CAS	英文名称	中文名称	中国	美国	加拿大	英国	荷兰
204	多环芳烃	53-70-3	Dibenz [a,h] anthracene	二苯并[a,h]蒽	√	√	√		
205	多环芳烃	192-65-4	Dibenzo (a,e) pyrene	二苯并[a,e]芘		√			
206	多环芳烃	57-97-6	Dimethylbenz (a) anthracene,7,12-	9,10-二甲基-1,2-苯并蒽		√			
207	多环芳烃	205-99-2	Benzo [b] fluoranthene	苯并[b]荧蒽	√				
208	多环芳烃	205-82-3	Benzo [j] fluoranthene	苯并[j]荧蒽		√			
209	多环芳烃	207-08-9	Benzo [k] fluoranthene	苯并[k]荧蒽	√		√		
210	多环芳烃	193-39-5	Indeno [1,2,3-cd] pyrene	茚并[1,2,3-cd]芘	√	√			
211	多氯联苯	—	Polychlorinated biphenyls	多氯联苯				√	√
212	多氯联苯	70362-50-4	3,4,4',5-Tetrachlorobiphenyl (PCB 81)	3,4,4',5-四氯联苯		√			
213	多氯联苯	32598-13-3	3,3',4,4'-Tetrachlorobiphenyl (PCB 77)	3,3',4,4'-四氯联苯		√			
214	多氯联苯	32598-14-4	2,3,3',4,4'- Pentachlorobiphenyl (PCB 105)	2,3,3',4,4'-五氯联苯		√			
215	多氯联苯	65510-44-3	2',3,4,4',5-Pentachlorobiphenyl (PCB 123)	2',3,4,4',5-五氯联苯		√			
216	多氯联苯	74472-37-0	2,3,4,4',5-Pentachlorobiphenyl (PCB 114)	2,3,4,4',5-五氯联苯		√			
217	多氯联苯	57465-28-8	3,3',4,4',5-Pentachlorobiphenyl	3,3',4,4',5-五氯联苯	√				
218	多氯联苯	31508-00-6	2,3',4,4',5-Pentachlorobiphenyl (PCB 118)	2,3',4,4',5-五氯联苯	√				
219	多氯联苯	32774-16-6	3,3',4,4',5,5'-Hexachlorobiphenyl	3,3',4,4',5,5'-六氯联苯	√	√			
220	多氯联苯	69782-90-7	Hexachlorobiphenyl,2,3,3',4,4',5- (PCB 157)	2,3,3',4,4',5-六氯联苯		√			
221	多氯联苯	52663-72-6	Hexachlorobiphenyl,2,3',4,4',5,5'- (PCB 167)	2,3',4,4',5,5'-六氯联苯		√			
222	多氯联苯	38380-08-4	2,3,3',4,4',5-Hexachlorobiphenyl (PCB 156)	2,3,3',4,4',5-六氯联苯		√			

续表

序号	分类	CAS	英文名称	中文名称	中国	美国	加拿大	英国	荷兰
223	多氯联苯	39635-31-9	2,3,3',4,4',5,5'-Heptachlorobiphenyl (PCB 189)	2,3,3',4,4',5,5'-七氯联苯		√			
224	多氯联苯	12674-11-2	Aroclor 1016	多氯联苯 1016		√			
225	多氯联苯	11104-28-2	Aroclor 1221	多氯联苯 1221		√			
226	多氯联苯	53469-21-9	Aroclor 1242	多氯联苯 1242		√			
227	多氯联苯	11097-69-1	Aroclor 1254	多氯联苯 1254		√			
228	多氯联苯	11126-42-4	Aroclor 5460	多氯联苯 5460		√			
229	多氯联苯	11141-16-5	Aroclor 1232	多氯联苯 1232		√			
230	多氯联苯	12672-29-6	Aroclor 1248	多氯联苯 1248		√			
231	多氯联苯	11096-82-5	Aroclor 1260	多氯联苯 1260		√			
232	多溴联苯醚	—	Polybrominated diphenyl ethers	多溴联苯醚	√				
233	多溴联苯醚	5436-43-1	Tetrabromodiphenyl ether,2,2',4,4'- (BDE-47)	2,2',4,4'-四溴联苯醚		√			
234	多溴联苯醚	60348-60-9	Pentabromodiphenyl ether,2,2',4,4',5- (BDE-99)	2,2',4,4',5-五溴联苯醚		√			
235	多溴联苯醚	32534-81-9	Pentabromodiphenyl Ether	五溴二苯醚		√			
236	多溴联苯醚	68631-49-2	Hexabromodiphenyl ether,2,2',4,4',5,5'- (BDE-153)	2,2',4,4',5,5'-六溴联苯醚		√			
237	多溴联苯醚	32536-52-0	Octabromodiphenyl Ether	八溴二苯醚		√			
238	多溴联苯醚	1163-19-5	Decabromodiphenyl ether,2,2',3,3',4,4',5,5',6,6'- (BDE-209)	十溴二苯醚		√			
239	二噁英类	—	Dioxin	二噁英	√	√			√
240	二噁英类	—	Polychlorinated dibenzo-p-dioxins/dibenzo furans	多氯代二苯并二噁英/二苯并呋喃类			√		

续表

序号	分类	CAS	英文名称	中文名称	中国	美国	加拿大	英国	荷兰
241	二噁英		Hexachlorodibenzo-p-dioxin,Mixture	六氯二苯并对二噁英,混合物		√			
242	二噁英类	—	Dioxin-like PCBs (tox equiv)	二噁英类				√	√
243	酞酸酯	—	Phthalic acid esters	邻苯二甲酸酯			√		√
244	酞酸酯	84-66-2	Diethyl phthalate	酞酸二乙酯		√			
245	酞酸酯	117-81-7	Bis (2-ethylhexyl) phthalate	邻苯二甲酸二(2-乙基己基)酯	√	√			
246	酞酸酯	84-74-2	Dibutyl Phthalate	邻苯二甲酸二丁酯		√			
247	酞酸酯	117-84-0	Di-n-octyl phthalate	邻苯二甲酸二正辛酯	√	√			
248	酞酸酯	85-68-7	Butyl benzyl phthalate	邻苯二甲酸丁苄基酯	√	√			
249	农药类	—	DDT/DDE/DDD	滴滴涕/滴滴滴伊/滴滴滴	√		√		√
250	农药类	72-54-8	p,p'-DDD	p,p'-滴滴滴	√	√			
251	农药类	50-29-3	DDT	p,p'-滴滴涕	√	√			
252	农药类	72-55-9	p,p'-DDE	p,p'-滴滴伊	√	√			
253	农药类	—	Hexachlorocyclohexane	六六六	√		√		√
254	农药类	206-270-8	Alpha-Hexachlorocyclohexane	α-六六六	√	√			
255	农药类	319-85-7	Beta-HCH	β-六六六	√	√			
256	农药类	58-89-9	Lindane	γ-六六六	√	√			
257	农药类	2164-17-2	Fluometuron	伏草隆	√	√			
258	农药类	1582-09-8	Trifluralin	氟乐灵	√	√			
259	农药类	28249-77-6	Thiobencarb	杀草丹	√	√			

续表

序号	分类	CAS	英文名称	中文名称	中国	美国	加拿大	英国	荷兰
260	农药类	1912-24-9	Atrazine	阿特拉津	√	√			√
261	农药类	1897-45-6	Chlorothalonil	百菌清		√			
262	农药类	141-66-2	Dicrotophos	倍硫磷		√			
263	农药类	17804-35-2	Benomyl	苯菌灵		√			
264	农药类	83055-99-6	Bensulfuron-methyl	苄嘧磺隆		√			
265	农药类	21725-46-2	Cyanazine	草净津		√			
266	农药类	133-90-4	Chloramben	草灭畏		√			
267	农药类	1646-88-4	Aldicarb Sulfone	得灭克,丁醛肟威		√			
268	农药类	60-57-1	Dieldrin	狄氏剂	√				
269	农药类	62-73-7	Dichlorvos	敌敌畏		√			
270	农药类	2425-06-1	Captafol	敌菌丹		√			
271	农药类	2008-41-5	Butylate	丁草特		√			
272	农药类	55285-14-8	Carbosulfan	丁硫克百威		√			
273	农药类	510-15-6	Chlorobenzilate	丁酰肼		√			
274	农药类	470-90-6	Chlorfenvinphos	毒虫畏		√			
275	农药类	2921-88-2	Chlorpyrifos	毒死蜱		√			√
276	农药类	1563-66-2	Carbofuran	呋喃丹		√			
277	农药类	68359-37-5	Cyfluthrin	氟氯氰菊酯					√
278	农药类	86-50-0	Azinphos-methyl	谷硫磷		√			√

续表

序号	分类	CAS	英文名称	中文名称	中国	美国	加拿大	英国	荷兰
279	农药类	66215-27-8	Cyromazine	环丙氨嗪		√			
280	农药类	1024-57-3	Heptachloro-epoxide	环氧七氯					√
281	农药类	3337-71-1	Asulam	磺草灵		√			
282	农药类	5598-13-0	Chlorpyrifos-methyl	甲基毒死蜱		√			
283	农药类	23564-05-8	Thiophanate-methyl	甲基硫菌灵		√			
284	农药类	63-25-2	Carbaryl	甲萘威		√			√
285	农药类	42576-02-3	Bifenox	甲羧除草醚		√			
286	农药类	143-50-0	Chlordecone (Kepone)	开蓬		√			
287	农药类	133-06-2	Captan	克菌丹		√			
288	农药类	60-51-5	Dimethoate	乐果	√	√			
289	农药类	82657-04-3	Biphenthrin	联苯菊酯	√				
290	农药类	115-29-7	Endosulfan	硫丹	√				√
291	农药类	101-21-3	Chlorpropham	氯苯胺灵		√			
292	农药类	12789-03-6	Chlorodane	氯丹	√				√
293	农药类	68085-85-8	Cyhalothrin	氯氟氰菊酯		√			
294	农药类	76-06-2	Chloropicrin	氯化苦		√			
295	农药类	64902-72-3	Chlorsulfuron	氯磺隆		√			
296	农药类	60238-56-4	Chlorthiophos	氯甲硫磷		√			
297	农药类	90982-32-4	Ethyl-chlorimuron	氯嘧黄隆		√			

续表

序号	分类	CAS	英文名称	中文名称	中国	美国	加拿大	英国	荷兰
298	农药类	54749-90-5	Chlorozotocin	氯脲霉素		√			
299	农药类	1861-32-1	Chlorthal-dimethyl	氯酞酸二甲酯		√			
300	农药类	1918-00-9	Dicamba	麦草畏		√			
301	农药类	25057-89-0	Bentazon	灭草松		√			
302	农药类	2385-85-5	Mirex	灭蚁灵	√	√			
303	农药类	76-44-8	Heptachloro	七氯	√	√			√
304	农药类	2312-35-8	Propargite	炔螨特		√			
305	农药类	23135-22-0	Oxamyl	杀线威		√			
306	农药类	33089-61-1	Amitraz	双甲脒		√			
307	农药类	118-75-2	Chloranil	四氯苯醌		√			
308	农药类	74115-24-5	Clofentezine	四螨嗪		√			
309	农药类	463-58-1	Carbonyl Sulfide	羰基硫		√			
310	农药类	116-06-3	Aldicarb	涕灭威		√			
311	农药类	1646-87-3	Aldicarb sulfoxide	涕灭威亚砜		√			
312	农药类	5234-68-4	Carboxin	萎锈灵		√			
313	农药类	23950-58-5	Propyzamide	戊炔草胺		√			
314	农药类	2104-96-3	Bromophos	溴磷松		√			
315	农药类	2303-16-4	Diallate	燕麦敌		√			
316	农药类	2303-17-5	Triallate	野麦畏		√			

续表

序号	分类	CAS	英文名称	中文名称	中国	美国	加拿大	英国	荷兰
317	农药类	34256-82-1	Acetochlor	乙草胺		√			
318	农药类	30560-19-1	Acephate	乙酰甲胺磷		√			
319	农药类	834-12-8	Ametryn	莠灭净		√			
320	农药类	152-16-9	Octamethylpyrophosphoramide	八甲磷		√			
321	农药类	1910-42-5	Paraquat Dichloride	百草枯		√			
322	农药类	85-00-7	Diquat	敌草快		√			
323	农药类	330-54-1	Diuron	敌草隆		√			
324	农药类	950-10-7	Mephosfolan	地安磷		√			
325	农药类	944-22-9	Fonofos	地虫磷		√			
326	农药类	8001-35-2	Toxaphene	毒杀芬		√			
327	农药类	56-38-2	Parathion	对硫磷		√			
328	农药类	10265-92-6	Methamidophos	甲胺磷		√			
329	农药类	298-02-2	Phorate	甲拌磷		√			
330	农药类	72-43-5	Methoxychlor	甲氧滴滴涕,甲氧氯		√			
331	农药类	121-75-5	Malathion	马拉硫磷		√			
332	农药类	58138-08-2	Tridiphane	灭草环		√			
333	农药类	81335-37-7	Imazaquin	灭草喹		√			
334	农药类	1929-77-7	Vernolate	灭草猛		√			
335	农药类	16752-77-5	Methomyl	灭多威		√			

续表

序号	分类	CAS	英文名称	中文名称	中国	美国	加拿大	英国	荷兰
336	农药类	133-07-3	Folpet	灭菌丹		√			
337	农药类	8065-48-3	Demeton	内吸磷		√			
338	农药类	299-84-3	Ronnel	皮蝇磷		√			
339	农药类	7287-19-6	Prometryn	扑草净		√			
340	农药类	139-40-2	Propazine	扑灭津		√			
341	农药类	1610-18-0	Prometon	扑灭通		√			
342	农药类	51630-58-1	Fenvalerate	氰戊菊酯		√			
343	农药类	961-11-5	Stirofos (Tetrachlorovinphos)	杀虫畏		√			
344	农药类	950-37-8	Methidathion	杀扑磷		√			
345	农药类	39196-18-4	Thiofanox	特氨叉威		√			
346	农药类	5902-51-2	Terbacil	特草定		√			
347	农药类	886-50-0	Terbutryn	特丁净		√			
348	农药类	13071-79-9	Terbufos	特丁磷		√			
349	农药类	122-34-9	Simazine	西玛津		√			
350	农药类	74051-80-2	Sethoxydim	稀禾定		√			
351	农药类	298-04-4	Disulfoton	乙拌磷		√			
352	农药类	563-12-2	Ethion	乙硫磷		√			
353	农药类	3689-24-5	Tetraethyl Dithiopyrophosphate	治螟磷		√			
354	醛酮类	50-00-0	Formaldehyde	甲醛		√			√

续表

序号	分类	CAS	英文名称	中文名称	中国	美国	加拿大	英国	荷兰
355	醛酮类	75-07-0	Acetaldehyde	乙醛		√			
356	醛酮类	100-52-7	Benzaldehyde	苯甲醛		√			
357	醛酮类	107-20-0	Chloroacetaldehyde,2-	氯乙醛		√			
358	醛酮类	107-02-8	Acrolein	丙烯醛		√			
359	醛酮类	78-93-3	Methylethylketone	甲乙酮					√
360	醛酮类	67-64-1	Acetone	丙酮		√			
361	醛酮类	78-93-3	Methyl ethyl ketone (2-Butanone)	2-丁酮		√			
362	醛酮类	591-78-6	2-Hexanone	2-己酮		√			
363	醛酮类	90-98-2	4,4'-Dichlorobenzophenone	4,4'-二氯二苯甲酮		√			
364	醛酮类	108-10-1	Methyl isobutyl ketone (4-methyl-2-pentanone)	4-甲基-2-戊酮		√			
365	醛酮类	532-27-4	2-Chloroacetophenone	alpha-氯乙酰苯		√			
366	醛酮类	98-86-2	Acetophenone	苯乙酮		√			
367	醛酮类	84-65-1	9,10-Anthraquinone	蒽醌		√			
368	醛酮类	108-94-1	Cyclohexanone	环己酮		√			√
369	腈类	75-05-8	Acetonitrile	乙腈		√			
370	腈类	109-78-4	Ethylene cyanohydrin	3-羟基丙腈		√			
371	腈类	107-13-1	Acrylonitrile	丙烯腈		√			√
372	腈类	111-69-3	Adiponitrile	己二腈		√			
373	腈类	1689-99-2	Bromoxynil octanoate	辛酰溴苯腈		√			

续表

序号	分类	CAS	英文名称	中文名称	中国	美国	加拿大	英国	荷兰
374	腈类	1689-84-5	Bromoxynil	溴苯腈		√			
375	醚类	542-88-1	Bis (chloromethyl) ether	二氯甲基醚		√			
376	醚类	111-44-4	Bis (2-chloroethyl) ether	二氯乙醚		√			
377	醚类	108-60-1	Bis (2-chloro-1-methylethyl) ether	二氯异丙乙醚		√			
378	醚类	111-90-0	Diethylene glycol monoethyl ether	二乙二醇乙醚		√			
379	醚类	112-34-5	Diethylene glycol monobutyl ether	二乙二醇丁醚		√			
380	醚类	1634-04-4	methyl-*tert*-butyl ether (MTBE)	甲基叔丁基醚		√			√
381	醚类	107-30-2	Chloromethyl methyl ether	氯甲基甲基醚		√			
382	醚类	25013-16-5	Butylated hydroxyanisole	叔丁基-4-羟基苯甲醚		√			
383	醚类	111-91-1	Bis (2-chloroethoxy) methane	双（2-氯乙氧基）甲烷		√			
384	胺类	57-14-7	1,1-Dimethylhydrazine	1,1-二甲基肼		√			
385	胺类	122-66-7	1,2-Diphenylhydrazine	1,2-二苯肼		√			
386	胺类	540-73-8	1,2-Dimethylhydrazine	1,2-二甲基肼		√			
387	胺类	684-93-5	N-Nitroso-N-methylurea	1-甲基-1-亚硝基脲		√			
388	胺类	634-93-5	2,4,6-Trichloroaniline	2,4,6-三氯苯胺		√			
389	胺类	95-68-1	2,4-Dimethylaniline	2,4-二甲基苯胺		√			
390	胺类	91-59-8	2-Naphthylamine	2-萘胺		√			
391	胺类	88-74-4	2-Nitroaniline	2-硝基苯胺		√			
392	胺类	53-96-3	2-Acetylaminofluorene	2-乙酰氨基芴		√			

续表

序号	分类	CAS	英文名称	中文名称	中国	美国	加拿大	英国	荷兰
393	胺类	91-94-1	3,3'-Dichlorobenzidine	3,3'-二氯联苯胺	√	√			
394	胺类	119-93-7	3,3'-Dimethylbenzidine	4,4'-二氨基-3,3'-二甲基联苯		√			
395	胺类	101-14-4	4,4'-Methylene-bis (2-chloroaniline)	4,4'-二氨基-3,3'-二氯二苯甲烷		√			
396	胺类	101-77-9	4,4'-Methylenebisbenzenamine	4,4'-二氨基二苯甲烷		√			
397	胺类	92-67-1	4-Aminobiphenyl	4-氨基联苯		√			
398	胺类	95-69-2	4-Chloro-2-methylaniline	4-氯-2-甲基苯胺		√			
399	胺类	106-47-8	p-Chloroaniline	4-氯苯胺		√			
400	胺类	3165-93-3	4-Chloro-2-methylaniline HCl	4-氯-邻甲基苯胺盐酸盐					
401	胺类	100-01-6	4-Nitroaniline	4-硝基苯胺		√			
402	胺类	617-84-5	Diethylformamide	N,N-二基甲酰胺		√			
403	胺类	62-53-3	Aniline	苯胺	√				
404	胺类	79-06-1	Acrylamide	丙烯酰胺		√			
405	胺类	27134-27-6	Dichloroaniline	二氯苯胺					√
406	胺类	111-42-2	Diethanolamine	二乙醇胺		√			
407	胺类	110-97-4	Diisopropanolamine	二异丙醇胺		√			
408	胺类	1861-40-1	Benfluralin	氟草胺			√		
409	胺类	108-91-8	Cyclohexylamine	环己胺		√			
410	胺类	105-60-2	Caprolactam	己内酰胺		√			
411	胺类	15972-60-8	Alachlor	甲草胺		√			

续表

序号	分类	CAS	英文名称	中文名称	中国	美国	加拿大	英国	荷兰
412	胺类	92-87-5	Benzidine	联苯胺		√			
413	胺类	27134-26-5	Chloroaniline	氯苯胺					√
414	胺类	123-77-3	Azodicarbonamide	偶氮二甲酰胺		√			
415	胺类	18487-39-3	Trichloroaniline	三氯苯胺					√
416	胺类	3481-20-7	Tetrachloroaniline	四氯苯胺					√
417	胺类	135-20-6	Cupferron	铜铁试剂		√			
418	胺类	527-20-8	Pentachloroaniline	五氯苯胺					√
419	胺类	492-80-8	Auramine	盐基槐黄		√			
420	酯类	123-86-4	1,2-butylacetate	1,2-乙酸丁酯					√
421	酯类	101-68-8	Methylenediphenyl diisocyanate	4,4'-亚甲基双(异氰酸苯酯)		√			
422	酯类	85-70-1	Butylphthalyl butylglycolate	丁基邻苯二甲酰羟乙酸丁酯		√			
423	酯类	141-78-6	Ethylacetate	乙酸乙酯		√			√
424	羧酸类	822-06-0	1,6-Hexamethylene diisocyanate	1,6-己二异氰酸酯		√			
425	羧酸类	93-65-2	MCPP	2-（4-氯-2-甲基苯氧基）丙酸		√			
426	羧酸类	75-99-0	Dalapon	2,2-二氯丙酸		√			
427	羧酸类	93-76-5	2,4,5-Trichlorophenoxyacetic acid	2,4,5-三氯苯氧乙酸		√			
428	羧酸类	93-72-1	2,4,5Trichlorophenoxypropionic acid	2,4,5-涕丙酸		√			
429	羧酸类	94-82-6	(2,4-dichlorophenoxy)-4-Butanoic acid	2,4-二氯苯氧丁酸		√			
430	羧酸类	94-75-7	2,4-Dichlorophenoxy acetic acid	2,4-二氯苯氧乙酸		√			

续表

序号	分类	CAS	英文名称	中文名称	中国	美国	加拿大	英国	荷兰
431	羧酸类	94-74-6	MCPA	2-甲-4-苯氧基乙酸		√			√
432	羧酸类	94-81-5	MCPB	2-甲基-4-氯苯氧基丁酸		√			
433	羧酸类	1918-02-1	Picloram	4-氨基-3,5,6-三氯吡啶羧酸		√			
434	羧酸类	98-66-8	p-Chlorobenzene sulfonic acid	4-氯苯磺酸		√			
435	羧酸类	65-85-0	Benzoic acid	苯甲酸		√			
436	羧酸类	79-10-7	Acrylic acid	丙烯酸		√			
437	羧酸类	74-11-3	p-Chlorobenzoic acid	对氯苯甲酸		√			
438	羧酸类	309-00-2	Aldrin	二氯丙酸		√			
439	羧酸类	79-43-6	Dichloroacetic acid	二氯乙酸		√			
440	羧酸类	993-13-5	Methyl phosphonic acid	甲基膦酸		√			
441	羧酸类	79-11-8	Chloroacetic acid	氯乙酸		√			
442	无机化合物及其他	—	Cyanide	氰化物	√	√			
443	无机化合物及其他	—	Organotin compounds	有机锡化合物			√		√
444	无机化合物及其他	13494-80-9	Tellurium	碲					√
445	无机化合物及其他	75-15-0	Carbon disulfide	二硫化碳		√			
446	无机化合物及其他	10049-04-4	Chlorine dioxide	二氧化氯		√			
447	无机化合物及其他	7790-76-3	Calcium pyrophosphate	焦磷酸钙		√			
448	无机化合物及其他	63705-05-5	Sulphur (elemental)	硫（元素）			√		
449	无机化合物及其他	7782-50-5	Chlorine	氯		√			

续表

序号	分类	CAS	英文名称	中文名称	中国	美国	加拿大	英国	荷兰
450	无机化合物及其他	592-01-8	Calcium cyanide	氰化钙		√			
451	无机化合物及其他	7637-07-2	Boron trifluoride	三氟化硼		√			
452	无机化合物及其他	10294-34-5	Boron trichloride	三氯化硼		√			
453	无机化合物及其他	15541-45-4	Bromate	溴酸盐		√			
454	无机化合物及其他	7758-19-2	Chlorite (Sodium salt)	亚氯酸钠		√			
455	无机化合物及其他	7664-41-7	Ammonia	氨		√			
456	无机化合物及其他	7773-06-0	Ammonium sulfamate	氨基磺酸铵		√			
457	无机化合物及其他	7790-98-9	Ammonium perchlorate	高氯酸铵		√			
458	无机化合物及其他	68333-79-9	Ammonium polyphosphate	聚磷酸铵		√			
459	无机化合物及其他	7757-93-9	Dicalcium phosphate	磷酸钙		√			

附录 J 不同国家和地区大气环境质量基准标准污染物监测指标

附表 J-1 不同国家和地区大气环境质量基准标准污染物监测指标

分类	CAS 号	英文名称	中文名称	中国	美国	WHO	欧盟	澳大利亚	日本	英国
常规污染物	630-08-0	Carbon oxide	一氧化碳 (CO)	√	√			√	√	√
常规污染物	10102-43-9	Nitric oxide	氮氧化物 (NO$_x$)	√						
常规污染物	124-38-9	Carbon dioxide	二氧化氮 (NO$_2$)	√	√	√	√	√	√	√
常规污染物	7446-09-5	Sulfur dioxide	二氧化硫 (SO$_2$)	√	√	√	√	√	√	√
常规污染物	10028-15-6	Ozone	臭氧 (O$_3$)	√	√	√	√	√	√	√
常规污染物	—	Total suspended particulate	总悬浮颗粒物 (TSP)	√						
常规污染物	—	Particulate matter 10	PM$_{10}$	√	√	√	√	√	√	√
常规污染物	—	Particulate matter 2.5	PM$_{2.5}$	√	√	√	√	√	√	√
重金属	7439-92-1	Lead	铅 (Pb)	√	√		√	√		
芳香族化合物	71-43-2	Benzene	苯	√		√	√	√	√	√
芳香族化合物	108-88-3	Toluene	甲苯			√				
芳香族化合物	100-42-5	Styrene	苯乙烯			√				
卤代脂肪烃	75-09-2	Dichloromethane	二氯甲烷			√			√	
卤代脂肪烃	107-06-2	1,2-Dichloroethane	1,2-二氯乙烷			√				

续表

分类	CAS 号	英文名称	中文名称	中国	美国	WHO	欧盟	澳大利亚	日本	英国
卤代脂肪烃	75-01-4	Vinyl chloride	氯乙烯			√				
卤代脂肪烃	79-01-6	Trichloroethylene	三氯乙烯			√			√	
卤代脂肪烃	127-18-4	Tetrachloroethylene	四氯乙烯			√			√	
卤代脂肪烃	106-99-0	1,3-Butadiene	1,3-丁二烯							√
卤代脂肪烃	106-99-0	1,3-Butadiene	丁二烯			√				
腈类	107-13-1	Acrylonitrile	丙烯腈			√				
醛类	50-00-0	Formaldehyde	甲醛			√				√
多环芳烃	—	Polycyclic aromatic hydrocarbon	多环芳烃							
多环芳烃	50-32-8	Benz[a]pyrene	苯并[a]芘	√						
二噁英	—	Dioxin	二噁英						√	